U0271488

资助出版
2018年度安徽省教育厅自然科学研究重点项目（No.KJ2018A0382）
2018年度安徽省高校优秀青年人才支持计划重点项目（No.gxyqZD2018060）
安庆师范大学学术著作出版基金
安庆师范大学创新团队和安徽省创新团队项目

互联网中情景感知与信息融合的个性化推荐方法及应用

The Personalized Methods and Applications by Context-Awareness and Information Fusion in Internet

程树林　著

中国科学技术大学出版社

内 容 简 介

本书以互联网应用为背景，以情景感知推荐系统中的个性化推荐为对象，主要研究情景感知与信息融合的推荐方法。在分析不同情景对不同用户兴趣偏好的影响时，提出了有效情景检测方法和情景化用户建模框架；深入分析时间情景对用户项目选择的影响，提出多维时间情景感知的 MTAFM 模型以实现项目推荐；针对社交网络中多种情景信息，提出多源情景感知与融合的好友推荐方法；从基于项目的预评分、基于用户的预评分和基于相似用户相似项目的预评分三方面视角，提出基于多源评分融合的协同优化推荐方法。对每一种模型和方法，均在相应的数据集上进行了实验，以验证它们的有效性。

本书可供计算机相关专业研究人员、工程技术人员、从业人员等阅读参考。

图书在版编目(CIP)数据

互联网中情景感知与信息融合的个性化推荐方法及应用/程树林著.—合肥：中国科学技术大学出版社，2020.3
ISBN 978-7-312-04632-2

Ⅰ.互… Ⅱ.程… Ⅲ.计算机网络—研究 Ⅳ.TP393

中国版本图书馆 CIP 数据核字(2019)第 006303 号

出版 中国科学技术大学出版社
安徽省合肥市金寨路 96 号，230026
http://www.press.ustc.edu.cn
https://zgkxjsdxcbs.tmall.com
印刷 安徽国文彩印有限公司
发行 中国科学技术大学出版社
经销 全国新华书店
开本 710 mm×1000 mm 1/16
印张 9.25
字数 186 千
版次 2020 年 3 月第 1 版
印次 2020 年 3 月第 1 次印刷
定价 38.00 元

前　言

随着“互联网+”时代的到来和移动互联网的盛行，各种以互联网为背景的研究和应用层出不穷，如电子商务应用、社交网络平台、搜索引擎、智能信息挖掘与处理、个性化应用、在线音视频应用等。其中，个性化应用几乎覆盖了各大网络应用平台。显然，如此多的网络应用主要归功于网络中大量用户和海量信息的存在。这必然导致现在的网络处于“信息过载”的状态，用户在网络中“冲浪”或查找感兴趣的内容时，容易产生“迷失感”。值得庆幸的是，个性化推荐技术(Personalized Recommendation Technology，PRT)在一定程度上缓解了这个问题。个性化推荐技术已经深入互联网中的各个行业，个性化推荐已成为大多数社交网络平台、电子商务平台、移动互联网等必备的重要功能，在提高网络用户黏性和忠诚度方面发挥着极其重要的作用，并且取得了很大的经济效益和商业价值，推动和加速了智能信息处理相关技术的实际应用。

基于个性化推荐技术的应用称为推荐系统(Recommendation System，RS)，它主要围绕用户兴趣和用户行为研究推荐模型、技术和方法，如基于内容的推荐、协同过滤推荐、矩阵因子分解模型以及数据挖掘与机器学习相关模型。但传统的推荐系统仍然存在一些重要的问题和挑战，如精度和准确度的瓶颈、实时性、满意度等，尤其是推荐系统中情景信息的有效利用问题等，值得深入研究。正如现实情况，Web 2.0 时代的网络应用环境发生了巨大的变化，存在丰富的情景信息，如时间、位置、心情、情感倾向性、周围环境、智能设备状况、网络连接性、用户会话等，用户感兴趣的内容和消费的项目受到各种情景因素的影响。因此，为提高推荐的准确性和合理性，在进行推荐时必然要考虑当前与用户关联的情景信息，也就是“合适的情景，生成合适的推荐”。

虽然现有推荐技术和方法已取得较好的推荐效果，但不能直接应用于包含丰富情景信息的场景。因为用户的兴趣偏好会随不同情景的变化而发生变化，且受到多种情景的影响。本书立足情景感知的推荐系统(Context-Aware Recommendation System，CARS)，以互联网应用为背景，以情景感知和信息融合为主线，充分利用和挖掘情景因素在推荐中的影响和作用，从多情景感知和信息融合的角度，研究情景感知与信息融合的推荐方法，实现合适的情景产生合适的推荐。本书共分为 6 章，其中核心研究内容包括 4 个部分：即第 1 部分（第 2 章）"有效情景检测与情景化用户建模"；第 2 部分（第 3 章）"多维时间情景感知的项目推荐"；第 3 部分（第 4 章）"多源情景感知与融合的好友推荐"；第 4 部分（第 5 章）"多源评分融合的协同过滤优化推荐"。

各章具体内容如下：

第 1 章为"绪论"，主要分析和探讨了情景信息在推荐系统中的作用和多情景感知与融合在推荐领域的研究背景与意义，叙述了国内外相关研究现状和应用领域，分析了情景感知推荐系统在实际研究和应用中存在的问题，提出了解决问题的主要方法和思路。

第 2 章为"有效情景检测与情景化用户建模"，分析四个情景化用户建模相关的核心问题，讨论并提出了一个基于五元组的情景化建模框架，重点探讨了情景过滤器及有效情景检测方法和两种情景化建模的范式。

第 3 章为"多维时间情景感知的项目推荐"，从用户兴趣时间、社会时序背景和交互时间情景三种不同视角分析时间情景对推荐的影响，提出一个多维时间情景感知的项目推荐模型——MTAFM 模型。基于多项式概率分布，在 MTAFM 模型中融合三种情景下的概率，生成最终用户的项目选择概率，实现推荐。

第 4 章为"多源情景感知与融合的好友推荐"，深度分析社交网络中的各种情景信息源对用户好友选择的影响，研究了多源情景下好友推荐方法。主要基于D-S 证据融合理论，将多源情景对好友的影响生成一个综合度量值。基于此，产生 Top-k 的好友推荐。

第 5 章为"多源评分融合的协同过滤优化推荐"，针对用户对项目进行评分的推荐问题，分析了用户项目评分矩阵的内在机理，研究了三种视角下的预评分的融合方法，提出了一种多源评分融合的优化模型，通过学习模型的相关参数，最终根据融合评分生成项目推荐列表。

第 6 章为"总结与展望"，对全书内容进行了总结，并提出在推荐系统领域未来可能的研究方向。

本书的主要成果包括：

（1）有效情景检测与情景化用户建模。针对用户情景敏感性问题，提出了基于情景过滤器的用户情景敏感性检测方法和算法框架，对不同推荐问题和对象，采取不同的检测方法。提出了情景化用户建模框架和三种不同的用户情景敏感性检测方法，并在框架中应用了情景过滤器，提出了两种情景化用户建模范式，并给出了具体的建模示例。

（2）多视角时间情景感知与融合的项目推荐。通过对三种时间情景的分析和对用户决策的影响，建立了时间情景化用户模型和基于生成概率的MTAFM模型，在EM算法下对MTAFM模型参数进行了学习，最后在两个数据集上验证了基于MTAFM模型的项目推荐的效果。

(3) 多源情景感知与融合的好友推荐。针对社交网络中好友推荐问题，考虑多种情景信息源，提出了一个基于D-S证据融合理论的多源情景信息融合的好友推荐框架。该好友推荐框架建立在D-S证据理论基础上，体现了证据间的最小冲突原则，更适用于情景信息源的融合。由于原始的D-S证据融合理论偶尔会出现"弱证据、强支持"的缺陷，本书利用证据的重要度和可靠度对其进行了改进，并设计了一些新的证据的基础概率分配函数(Basic Probablity Allocation，BPA)以对证据进行量化，用于度量用户之间形成好友的相关性。

(4) 多源评分融合的协同过滤优化推荐。针对传统基于项目的协同推荐方法的稀疏性问题，对融合内部相似度和外部相似度进行了改进。同时，利用基于预评分的用户项目兴趣模型UIIM改进了基于用户的协同推荐方法。根据相似项目和相似用户，提出了一个基于相似项目和相似用户的背景协同推荐方法UIBCF，用于平滑基于项目和基于用户的协同方法。基于信息融合思想，利用基于项目、基于用户和基于相似项目和相似用户三方面信息源，融合与之对应的预测评分，形成一个集成优化的协同推荐模型INTE-CF。

本书的读者对象是从事互联网智能信息处理相关研究工作的工程技术人员和研究生。本书要求读者在"概率论与数理统计""数据挖掘与机器学习"等方面具有一定的基础知识。

在本书的编写过程中，参阅了国内外大量有关个性化推荐方面的资料和文献，吸收和借鉴了国内外学者的有关研究成果，在此向他们表示衷心的感谢。同时，该书受到了多个基金和项目资助，主要包括2018年度安徽省教育厅自然科学研究重点项目(No. KJ2018A0382)、2018年度安徽省高校优秀青年人才支持计划重点项目(No. gxyqZD2018060)、安庆师范大学学术著作出版基金、安徽省智能感知与计算重点实验室和安庆师范大学创新团队和安徽省创新团队项目(智能信息处理及其应用)等，在此对各类基金和项目的资助表示感谢。

应该指出的是，随着互联网应用技术水平的不断发展和完善，个性化推荐技术也将越来越成熟。但目前尚未有系统论述多情景感知和信息融合技术下的推荐方法的专著，加之作者的经验和水平有限，书中难免有不妥之处，恳请读者批评指正。

作　者
2019年2月

目　　录

第1章　绪　　论

1.1　研究背景

随着新一代信息技术的快速发展,社交网络的兴起,移动交互设备的盛行,人们的日常生活越来越离不开网络。然而,网络中每天都有大量的新用户和各种各样的信息产生,文本、图像、声音、视频等无处不在。那么互联网一天能产生多少信息呢?在2014年,中国工程院院士邬贺铨给出的数据是约有800 EB,相当于1.68亿张DVD光盘所装载的信息[1]。社交网络是产生大量信息的一个重要来源,如国外两大流行的社交网络平台Facebook和Twitter的统计结果显示,Facebook一天大概可新增32亿条记录、3亿张照片,信息量可达10 TB;Twitter一天大概可新增2亿条微博,单词量达50亿以上,相当于60多年《纽约时报》的词语总量,信息量可达7 TB。中国的淘宝网一天的交易量达千万量级以上,生成约1.5 PB原始记录;还有其他一些视频网站等,也是类似情况。2018年1月第41次《中国互联网发展状况统计报告》显示[2],截至2017年12月31日,我国的网民规模达到了7.72亿,互联网普及率达55.8%,在新闻、娱乐、电商等处留下了人们的"足迹",每个用户既是信息的消费者,又是信息的生产者。

网络信息和相关服务为我们的生活、工作、学习等各方面带来了极大的便利,同时也带来一些困扰,如在"过载"的信息中,用户容易产生"迷失感"。因此,如何快速过滤垃圾,找到人们想要的、感兴趣的信息显得十分重要。基于用户兴趣偏好的个性化推荐技术在一定程度上提供了一些解决方案[3-4],如在浏览网络时,用户通常会接收到某些网站、平台或系统推荐的信息资讯、购买建议;在社交网络平台,会收到为用户推荐的一些潜在"好友"等信息;在移动设备(如手机)上,也会收到类似的新闻资讯、消费信息和用户推荐等。虽然有些推荐信息对用户确实会有帮助,为他们提供了方便,但一些信息并不是用户感兴趣的或当时情景所需的信息,甚至还有一部分是恶意推荐或"骚扰"广告,严重影响了用户的体验度。所以,如何找到用户真正感兴趣的、及时的,又能体现当时情景下的信息,以及发现用户真正"志趣相投”的好友具有很大的挑战性。这种挑战本质上是对传统个性化推荐技术的一种延伸和扩展,也是推荐系统应用中新的需求。从内涵上讲,这种挑战就是“合适的情景,产生合适的推荐”。

早期的个性化推荐技术并未考虑或未深入考虑情景信息在推荐中的影响[4-7],主要利用历史行为,提取用户兴趣偏好,建立用户模型,产生项目推荐;或直接使用用户-项目评分矩阵及相似度技术进行相关推荐[7]。随着研究的深入和实际应用场景的变化以及信息采集技术的提高,在推荐系统中可以获取更多的情景信息,如位置、心情、天气、社交关系和用户交互行为等。对应情景信息的研究受到越来越多的学者关注,并开始在推荐系统中逐步引入情景元素,生成情景感知的推荐系统[8]。情景作为一种重要的信息,对用户的兴趣和需求产生着重要的影响[9]。下面给出几个实例进行说明。

对于时间情景来说,用户在不同的时间段会有不同的兴趣爱好,周一至周五关注更多的是工作相关的内容,而在周末更倾向于休闲和娱乐;又或者用户兴趣会随着时间的推移发生迁移[10]等。图 1.1 给出了由于用户兴趣的迁移而导致社区结构随时间变化的情况[11],以时间帧为观察点,对比其前后 4 帧,网络结构存在差异,主要表现为节点数量和节点间边关系的变化。

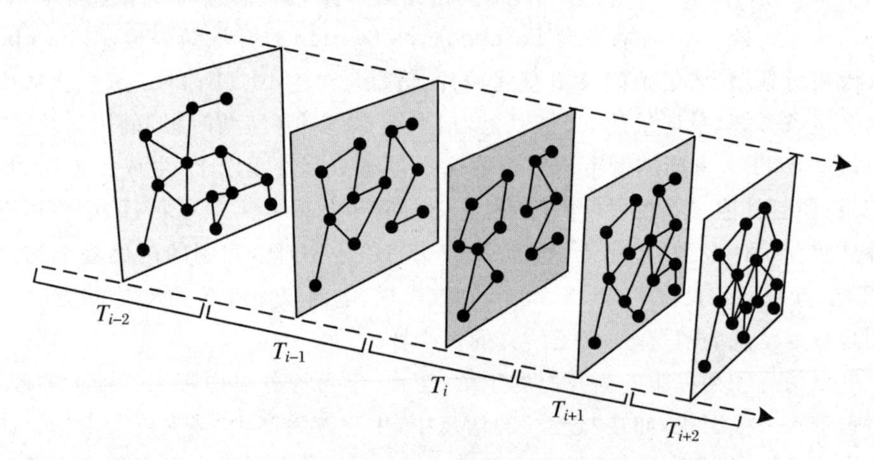

图 1.1　不同时间帧下网络社区的变化情况

图 1.2① 显示了在公开数据集 MovieLens 上进行的初步统计,体现了用户兴趣随时间而发生改变[12],如用户在三月之前对 Horror 类型的电影有一定的兴趣,但在后 3 个月中,在用户观看历史中并未出现 Horror 类型的电影。

对于位置情景来说,在基于位置的社交网络 LBSN(Location Based Social

① 图中的项目分类参照原始数据集,故保留其英文名称。下文同。

Networks)中,用户在不同位置或场所对感兴趣的对象存在差异。比如,在本地用户兴趣相对稳定,但用户若去异地(如旅游、出差等),可能对当地特色内容很感兴趣等。再比如,在音乐推荐系统中,用户处于不同的心情,所听的曲目也会有所不同。

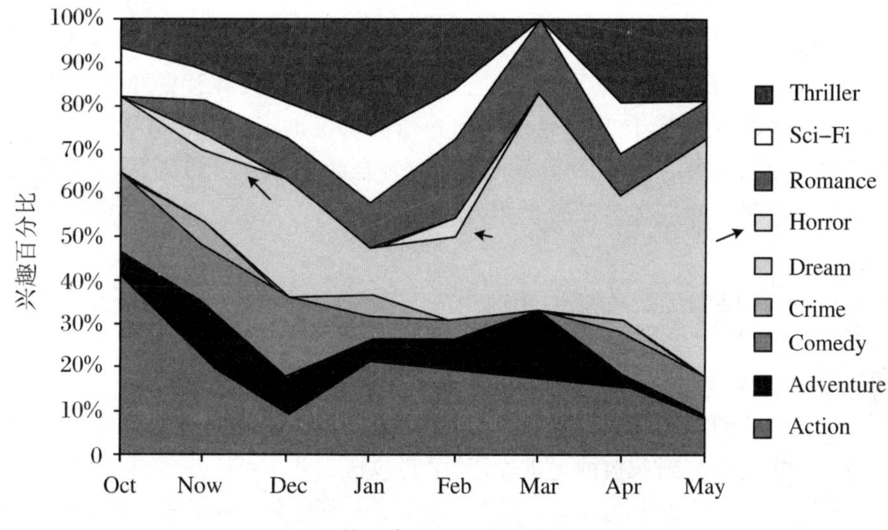

图1.2　不同月份某用户对观看电影类型的兴趣变化情况

综上所述,随着对推荐技术的深入研究,考虑情景信息是必不可少的。明尼苏达大学的Adomavicius[8,13]教授在2005年发表的推荐相关的论文中,较早地描述了情景化信息在推荐系统中的应用。几年来,基于情景感知的推荐,受到了许多学者的广泛关注和研究。尤其在学术界,每年举办的各种信息检索、数据挖掘和机器学习等会议,如美国人工智能国际会议(AAAI)、数据库知识发现国际会议(KDD)、信息检索国际会议(SIGIR)、数据挖掘国际会议(ICDM)、国际万维网会议(WWW)、用户建模与个性化国际会议(UMAP)等,都加强和推动了推荐技术和方法的发展。国际计算机学会(ACM)自2007年开始,每年都举办一次推荐系统会议(RecSys),该会议是推荐领域的顶级会议,曾专门举办了一次以情景感知与计算为主题的推荐会议。基于情景感知的推荐系统得到较为快速的发展,但仍然存在一些没有解决的问题,诸多挑战需要进一步攻克。例如,对情景的利用主要是单情景,其中对时间情景的研究最多;对情景的研究不够深入,缺少高效的情景化建模技术;对多情景联合推荐较少。因此,本书在对情景及多情景信息深入和系统研究的基础上,提出了对多情景感知和融合的方法以解决个性化推荐的相关问题。

1.2 研究意义

基于情景感知的推荐系统作为传统推荐系统的延伸和发展，受到越来越多的重视和深入研究，其最重要的原因是，它比传统的推荐系统具有更好的效果，更能体现用户的兴趣和需求，体现了系统和用户所处状况的不同而导致了兴趣的变化和需求的不同。本书的重点在多情景感知和融合的推荐方法的研究，它们理论上和实际应用价值上都具有重要的意义。

1.2.1 理论意义

首先，本书所研究的多情景感知和融合的推荐问题的基础是传统的推荐技术，现有的推荐方法和理论在本书中有一定的体现。同时，本书研究成果对推动推荐技术的深层次发展起到积极的促进作用，主要包括：

(1) 用户兴趣模型将融入情景元素，设计基于情景化的用户模型，从而提升和促进用户建模技术的发展和应用。

(2) 推荐过程应用情景信息的主要方式包括三种，即预过滤、后过滤和情景化建模。总体上，预过滤和后过滤推荐效果没有情景化建模推荐效果好。本书重点研究的是基于情景化建模的推荐技术。但目前，基于情景化建模技术的推荐是该领域的难点，本书所提出的多情景融合推荐技术是对该类型推荐的一个重要创新，有利于情景建模推荐技术的完善和发展。

其次，本书研究方法中主要使用了数据挖掘和机器学习相关理论，包括统计分析、分类和聚类、信息熵理论、随机梯度学习、信息融合等，这正是目前人工智能、大数据和云计算下的数据分析与应用等重要的理论基础，所以本书的研究对于数据挖掘和机器学习在推荐领域中的深入应用有积极的推动作用，同时也丰富了数据挖掘和机器学习的相关理论。

1.2.2 应用价值

推荐系统的主要目标是提高推荐效果，为用户找到真正感兴趣的人或项目，增强用户体验效果，最终提高用户对应用平台(如电子商务网站、社交网络平台等)的忠诚度和用户黏性。显然，基于多情景感知与融合的推荐系统在实际应用中比传

统的推荐系统更加有实际价值,具体体现在以下几个方面:

(1) 应用情景感知的个性化推荐,可更精确地发现和挖掘用户潜在需求,从而提高电商平台销售业绩,销售更多的产品,增加企业的营业额。例如,用户在浏览一些电子商务网站时,总会在页面的下方显示“猜你喜欢”或“你感兴趣”的商品列表。这些列表是系统后台根据用户的历史购买记录生成用户兴趣偏好后,再为用户产生的推荐。当用户购买记录很少时,这些推荐并不是那么精确,用户购买这些商品的可能性较小。如果能增加一些情景信息,如用户购买意图等,实时更新推荐的产品,会大大提高推荐效果。再比如,用户登录 Amazon 网站后,在页面最下方会显示“根据您的所购商品推荐商品”和“热销商品”。Amazon 会根据用户当前的点击改变推荐的商品,这种推荐实际上加入了用户的“会话”情景,动态更新推荐列表,其效果也相对较好。

(2) 基于情景感知的推荐有利于提高广告营销效果,更好地宣传产品。应用情景信息可建立细分用户兴趣模型,在不同的情景下为用户推荐不同的广告。如随着季节的变化,企业可根据用户的季节偏好推荐不同的商品。

(3) 对个人来说,基于情景感知的推荐可以为用户在生活、学习和工作方面带来帮助。用户兴趣会随着情景的不同而发生变化,系统可以为用户推荐特定情景下感兴趣的学习资料、娱乐资讯,甚至为用户推荐工作机会和提供解决工作中相关问题的信息,同时还可以使用户了解社会动态、关注时事新闻等。

(4) 在社交网络平台,利用社交关系情景和交互情景,为用户推荐感兴趣的用户,发现“志趣相投”的潜在好友,获取用户更多的有用信息。如在新浪微博或腾讯微博,可以实时地从好友那里获得最新动态信息,尤其是那些网络“大咖”所发布的专业(行业)资讯等。

1.3 国内外研究概况

1.3.1 传统的个性化推荐

本节将从个性化推荐的发展历史、基于用户模型的推荐和协同过滤推荐三个方面概述传统的个性化推荐。

1. 个性化推荐的发展历史

目前,个性化推荐作为一个与互联网、统计分析、数据挖掘与机器学习相关的独立研究领域,最早起源于信息检索领域[14-15],同时又和认知科学与管理科学的发展有关,被称为基于 Web 的个性化信息服务[16]。个性化的本质是信息系统满足用户需求的适应性,与 Web 应用挖掘密切相关[17],这是个性化推荐的起源阶段。在该阶段,个性化的自动化程度较低,用户手动参与比较多,如通过用户自己输入感兴趣的关键词,Web 系统根据关键词生成用户的个性化界面,如个性化新闻报纸类、在线商店类等 Web 网站[18]。进入 20 世纪 90 年代中后期,个性化推荐进入了快速发展期,出现了大量的个性化推荐方法和应用系统。协同过滤推荐方法是传统个性化推荐领域的核心算法之一,最早是由 Godberg D[19] 等人在他们的一篇论文中提出的。该论文成为推荐系统中一篇很重要的研究文章,很多研究人员受到该论文的影响,大量研究利用用户和项目的信息进行协同推荐。为了推动推荐技术和方法的发展,美国明尼苏达大学一个著名研究小组 Grouplens 发布了多个版本的用于实验研究的公开电影数据集 MoveiLens①。利用该数据集中用户的历史评分数据,预测用户对尚未评分电影的大致的评分。类似的公开标准数据集还有 Eachmovie②、科学合作网络 DBLP(Digital Bibliography & Library Project)③、Filmtipset④ 等。

在学术界,很多学术组织、学术会议对推荐系统的发展也起到了重要的推动作用,如 ACM、KDD、SIGIR 等。ACM 中的电子商务会议自 1999 年组织以来,会议中关于 Web 个性化推荐方面的论文越来越多。尤其是信息检索专委会,在 2001 年专门将推荐技术作为会议的一个独立的研讨主题。之后,很多会议也将个性化推荐作为一个新的主题进行研讨,或为此成立专门的研讨小组等,如 ACM 的人机交互国际会议(SIGCHI)、美国人工智能国际会议(AAAI)、数据挖掘竞赛(KDD-CUP)、数据管理国际会议(SIGMOD)、国际万维网会议(WWW)、数据挖掘国际会议(ICDM)、机器学习国际会议(ICML)等。尤其是 ACM 于 2007 年在明尼苏达专门组织了推荐系统领域的第一届国际学术研讨会 RecSys 2007,该会议成为推荐领域的顶级会议。以后 ACM 每年都会举办该会议,成为该领域内学者、专家和工业界人士交流和探讨的平台。2018 年 10 月 RecSys 会议在加拿大的温哥华举办,会议主要围绕音乐推荐开展,核心的挑战是播放列表的自动化更新方法。

学术界对个性化推荐系统的研究也极大地推动了工业界对其应用的研究,这很大程度上归功于电子商务的快速发展。在国外,最早在推荐系统应用上做出重要贡献的是 Amazon 在线售书网站和 Netflix DVD 租赁网站等。Amazon 网站积累大量的图书(项目)相关的数据和用户相关的数据。Linden G 等顶尖研究人员

---

① https://grouplens.org/datasets/movielens/.

② https://grouplens.org/datasets/eachmovie/.

③ http://dblp.uni-trier.de/db/.

④ http://camra2010.dai-labor.de/datasets/.

研究了基于项目的协同推荐方法(Item-based CF),并在2003年利用Amazon的数据进行了实验,共同发表了一篇影响力极大的学术论文[20]。受Amazon推荐系统的影响,后来很多Web网站都开始应用了个性化推荐技术,研究相应的实践方法。如DVD租赁网站Netflix①为了提高租赁业绩,举办了三次有名的大奖赛。其中,在2009年的比赛中,开出了100万美元的大奖②,奖励能够最大限度地提高Netflix网站推荐精度的参赛队伍。Netflix网站举办的竞赛有力地推动了个性化推荐技术在工业界的应用,同时也促进了学术界对个性化推荐系统更深入的研究[21]。在国外还有一些其他著名的网站应用了个性化推荐技术,如Google的新闻推荐[22]、YouTube③的视频推荐、Last.fm的音乐推荐[23]、LinkedIn④网站的好友推荐等。在国内个性化应用实践也迅速发展,现在很多大型电子商务网站、新闻资讯网站和搜索引擎都应用了个性化技术,如淘宝网、大众点评、豆瓣网、当当网、百度、百分点⑤等。如图1.3,在登录当当网后,会有自动推荐结果。

图1.3　当当网购书推荐

个性化推荐技术的广泛应用,似乎成为现在各类网站提高点击率、业绩和用户黏性的"必备工具",最重要的是它能给用户带来全新的体验,满足用户个性化的兴趣需求,具有一定的智能性。随着个性化推荐系统的深入研究和深度应用,出现了一些新的需求和新的发展趋势——情景感知的个性化推荐。

① https://www.netflix.com/.
② https://www.netflixprize.com/.
③ http://www.youtube.com/.
④ https://www.linkedin.com/.
⑤ http://www.baifendian.com/Product/gxhxt.html.

2. 基于用户模型的推荐

基于用户模型的推荐关键是用户建模，在用户模型的基础上，评估目标对象与用户模型的匹配程度，生成匹配效用值，产生 Top-k 的项目推荐列表。用户建模即主要由模型输入、模型输出和建模方法构成。用户建模的模型输入即数据采集和采集方法；模型输出即用户模型的表达；建模方法主要表现为具体的建模算法。用户模型用于描述用户的概况和兴趣，主要有案例表示法、关键词表示法、向量空间模型表示法和语义本体表示法等[24]。用户模型在传统推荐领域中得到了成功的应用，随着社交网络的出现，一些研究人员将其思想用于社交网络的用户建模，融入了社交关系，丰富了用户模型，提出了社会化用户模型的概念[25]。下面将对用户模型的研究现状和存在的问题进行分析。

Li Y M 等[26]分析了微博社交网络中信息发布的行为，提出一种基于身份识别和兴趣驱动的用户动态模型。该模型认为消息的传递方式与兴趣类别有关，且遵循幂分布的形式，而身份识别也与信息转发和评论的数目有关。林霜梅等[27]提出了一种基于向量空间模型的用户模型表示及其动态学习算法，研究了用户建模中的特征选择，提出了一种根据词性标注信息将词频法和 TF-IDF 法相结合的特征选择方法。曾春等[28]提出了一种基于内容过滤的个性化搜索算法，利用领域分类模型上的概率分布表达了用户的兴趣模型，然后给出了相似性计算和用户兴趣模型更新的方法。郭岩等[29]利用网络日志内容中蕴含的用户兴趣，提出了一个基于用户行为的相关文档检索模型和搜索引擎系统 SISI。王立才等[9]提出了一种基于领域本体的用户模型，给出其形式化描述，通过引入个性化兴趣度实现用户个人偏好的量化。牛亚真等[30]基于关联数据的应用框架，提出一种构建用户语义模型的基本框架，设计了用户语义模型。Abel F 等[31]通过 Twitter 信息识别语义、主题和实体建立用户模型的框架，用实验验证了基于语义的推荐系统，改进了用户模型的生成质量。Wang M 等[32]将兴趣分为长期兴趣、中期兴趣和短期兴趣以及针对不同的兴趣采取不同的兴趣更新策略，对用户模型的演化做了较深入的研究。Iglesias J A 等[33]提出依据用户行为自动进行用户建模的方法，同时设计用户模型自动进化的方法，用户行为被表示为一组有序的命令序列，该命令序列由后续命令的分布所组成，伴随用户模型进化，并与传统的分类器比较，检验用户模型兴趣的变化规律。Ma Y 等[34]针对分布式环境下用户兴趣描述的不确定性，利用多维资源的信息融合和语义推理对 Twitter 用户进行兴趣建模，从多种资源收集信息，进而研究用户显示兴趣间的语义关系，利用概念粒度进行语义推理，验证方法的有效性。郑建兴等[35]利用微博用户社交关系建立了用户的邻域模型(Neighborhood User Model)，扩展目标用户兴趣主题集。

Li Y M 等[26]针对博客在广告营销中的巨大作用，提出通过博客市场流行度发现潜在博客圈和潜在博客用户的方法。具体来说，作者通过当前网络、内容、活性因子三个因素来识别和评价博客的影响强度，提出博客的市场影响价值模型，采用人工神经网络的方法发现博客用户。实验证明这种框架方法在发现产品的市场应用价值方面要优于社交网络中心度方法和基于内容的流行度方法。Mei K等[36]通过扩展语义网计算用户模型间和语义微博间的相似度，进行了基于用户模型推荐微博资源的探讨。

用户模型的研究虽然取得了一定的成功，但忽略了一个重要的因素，即用户建模过程未考虑系统中各种情景信息。用户的兴趣会随着其所处的情景环境发生变化，如不同的时间和地点用户感兴趣的内容不同等。因此，为了能充分体现用户模型的动态特征，有必要融于情景信息。

3. 协同过滤推荐

早在1992年Goldberg D等[19]首先研究了协同过滤推荐方法，识别兴趣爱好相似的用户进行项目的协同推荐。之后，很多学者对基于用户[41]和基于项目[7,20,42-43]以及基于模型[45]的协同过滤推荐方法进行了很多研究。为了提高传统的协同过滤推荐方法的精度，现有研究主要从三个方面进行了改进，即优选对象相似性度量方法[41,44]、预评分或评分插值[7,37]和组合推荐方法[38-40]等。

相似性度量以余弦相似度、改进的余弦相似度和相关相似度方法为代表[41,44]，但对数据集的质量比较敏感，尤其是在数据非常稀疏的情况下，利用这些方法度量对象之间的相似性可信度不高[7]。因此，一些学者针对数据稀疏问题，提出了预评分和评分插值的方法填充缺失数据。最简单和直接的方法是使用0值或平均分填补缺失评分[7]。显然，这种方法不够准确，容易以偏概全，难以取得良好的效果。对此，Ghazanfar M A等[46]较全面地分析了利用各种信息源进行插补缺失值，并应用于SVD模型改进协同推荐方法。他们认为根据不同的具体问题，谨慎选择合适的插值源进行缺失值插补，可在很大程度上提高协同推荐精度，这些插值方法主要包括分类方法、回归方法、K近邻方法和概率分布方法等。近年来，在社交网络中，协同推荐方法也得到广泛的应用，它利用用户之间的信任和社交关系缓解数据稀疏问题[47-48]，取得了较好的效果，但这些额外信息并不是在所有待解决的问题中都能获得，并且这些信息的可信度有待验证。因此，本书从用户项目评分矩阵本身出发，同时利用用户和项目双视角信息，改进协同过滤推荐方法。除了相似性度量方法优选和评分插补方法外，其他方法与协同方法或协同方法之间进行组合也是一个重要的改进方面。例如，内容过滤与协同过滤组合推荐新闻信息[38]，基于人口统计信息的推荐技术和协同技术进行结合提高推荐精度[39]，将基于用户和基于项目方法的预测结果进行线性组合推荐[37]等。组合推荐由于吸收了多种方法的优点，因而推荐精度有较大的提高。

目前,协同过滤推荐方法虽然得到了成功应用,但仍然还有诸多挑战,如精度和准确性的进一步提高、大数据下的并行算法和实时推荐等。

1.3.2　情景感知的个性化推荐

1. 总体概况

早在1994年Schilit B N等[49]就提出了情景和情景感知的概念,并应用到基于位置的服务(Location-Based Service,LBS)中。在随后近20年里,关于情景的应用受到了很多学者的关注和研究[50-52],逐渐形成了一种新的计算模式即情景计算[53]。情景感知推荐是其中的一种,涉及情景信息挖掘和情景建模并最终产生基于情景的个性化推荐[54-55]。情景信息依赖于具体的不同系统,不同的系统情景信息不同[56]。

相对较早的研究情景感知计算在推荐系统中的应用,始于Adomavicius G和Tuzhilin在2005年发表的一篇很有影响力的论文[13],文中给出了"情景感知推荐系统"的概念、情景作用、情景获取方法和情景感知推荐系统的算法框架和实验评价等,之后受到广泛的关注和研究。情景感知推荐系统是从传统的推荐系统发展而来的,本质上仍然是一种推荐系统,但融入了情景信息,使得推荐效果有了明显的提高[13]。很多学者开始逐渐研究基于情景感知的推荐,主要应用于电影[57]、音乐[58]、书籍、电子商务等领域。随着社交网络的兴起,有部分学者开始研究如何利用情景信息来提高社会化推荐。

Lee C H[59]通过运用基于密度的聚类方法进行微博文本流的挖掘,试图发现表示现实世界事件的时空特征,基于时空特征评估紧急突发事件,实现情境感知和风险管理的目标。在研究中,提出了通过提取事件的时空特性增强事件关注度的思想,旨在考察微博社交网络在发现实时事件话题与时空特征之间联系的能力,用以更好地提供个性化服务。Liang F等[60]针对微博环境中的短文本问题,提出利用微博的语义和时间等特征抽取文档信息,该方法包括查询模型、文档模型、重排序模型三个过程。采用两步伪相关反馈查询解决短文本信息中词汇不匹配的问题,建立文档模型;通过时间指标评价建立排序模型,并实验验证了这种语义和时间的文档信息抽取方法比TREC方法更加有效。Gaonkar S等[61]提出在移动互联网平台上利用微博进行信息共享、信息浏览和信息查询的概念,基于网络地图和谷歌地图为移动用户设计和实现了因物理空间移动而进行微博感知的多媒体搜索技术,推动移动互联网的应用。王晟等[62]将时间作为隐式情景,研究了基于贝叶斯排序模型的微博推荐算法。

以上文献应用情景信息提高了推荐质量,但仍然不够深入。因为多数文献都趋向于应用单个情景，如时间或空间等，而现在很多推荐问题中情景信息更加丰富，主要包括时间情景、空间情景、社交情景、用户情感、网络结构特征等，而用户是否接受推荐结果往往是由多种因素决定的。因此，同时考虑多种情景信息对推荐效果会有更大的提高。

2. 时序情景感知的推荐

世界万物都处在不断变化之中，含有一定的生命周期，这揭示了时间在变化中的作用。在推荐领域中，用户的兴趣和项目相关信息也会随着时间发生改变。比如用户在不同的时段和季节对所感兴趣的内容不同，比如周末更偏向关注娱乐、休闲相关的信息；冬季关注保暖、御寒方面的信息等。Ding Y 等[63]较早地关注了时间在协同过滤推荐中的影响，提出用户当前兴趣对未来兴趣影响更大，应给予更多的考虑，并给出了一个时间延迟函数。类似的研究还有 Liu N N[64]、Bultrunas L[65]、Koenigstein N[66]、Yuan Q[67]等对协同过滤推荐算法进行了改进。在有些情况下，不能获取用户行为的具体时间，只能获取行为发生的先后顺序。对此，Andrew Zimdars 等[68]利用决策树算法对用户的有序行为进行了建模，研究基于有序数据集的推荐问题。还有部分研究者利用图模型[69]、矩阵分解模型[70]等对用户兴趣进行时间建模，捕捉用户长期和短期兴趣，以及兴趣的演化[64]等。其中，最具有代表性的是 Netflix 大奖赛冠军队成员 Koren 研究了用户兴趣随时间的变化过程，建立了关于用户兴趣、项目信息、季节效应等时间矩阵分解模型，采用随机梯度下降法优化模型学习参数[70]。总之，个性化推荐对时间因素的研究主要集中在两个方面：一是利用时间函数衰减特性对用户兴趣进行建模，分析用户兴趣受时间影响的程度；二是将时间因素作为模型元素的一部分融入推荐模型，产生基于时间的推荐。

3. 空间位置情景感知推荐

随着社交网络盛行和位置信息获取途径的增加，很多研究者将目光投向了基于位置的推荐（Location-Based Recommendation），也称为 POI（Point of Interests）推荐[82]。它可利用的位置信息主要有 GPS 轨迹数据[72]、签到数据[73-75]、地理（坐标）信息[76]等，利用这些信息推荐位置相关的 POI。除了仅利用地理位置信息外，还有部分研究者将位置信息与社交信息[78]、话题[67,79-80]等结合进行推荐。主要使用的方法有协同过滤、隐语义模型和概率模型等。如参考文献[77,81]根据位置或区域信息计算用户相似度，再利用协同过滤推荐方法为目标用户进行 POI 推荐，参考文献[82-83]将用户相关的地理位置信息作为隐式反馈，即作为用户特征向量建立隐语义模型。

1.3.3 好友推荐

好友推荐是社交网络中一个重要应用，为用户发现“志趣相投”的好友。Xie

X[84]从情景和内容两个维度刻画了用户兴趣，设计了一个基于兴趣特征的通用好友推荐框架，并实现了一个在线测试系统。Tang F 等[25]利用用户社交关系，研究社交网络中好友推荐的方法，但社交关系的量化较为简单，推荐精度不高。Yin D 等[85]将 Twitter 看作社交网络和信息网络结合的混合网络，提出一种基于网络结构(Structure-Based)的新方法来预测用户的关注关系。Chen J 等[86]提出基于用户之间共同好友数量的推荐，但未利用用户之间兴趣偏好。Chu C H 等[87]考虑利用用户兴趣和位置等信息进行好友推荐，但未利用用户之间的信任关系。Ma H 等[88-89]在数据集 Epinions 上利用显示的信任关系进行了好友推荐，增强了传统推荐方法的效果，但信任关系处理较为简单且信任数据较为稀疏。Zheng Y 等[75]利用个人位置历史记录进行相似好友推荐，但位置相似性处理仅以个人访问次数作为位置评分，处理方法比较粗糙，也未考虑兴趣偏好和信任关系。基于位置感知的好友推荐还有诸多研究，如参考文献[81,90－91]等。

1.4 研究挑战与问题分析

通过以上分析可知，个性化推荐技术无论在学术界还是在工业界都有大批的学者、专家、工程师及爱好者在研究和实践，并且取得了一定的成果。对于学术研究来说，推荐技术和方法得到了不断的发展和深入；对于工程师们来说，将一些推荐技术应用到实际的应用平台(Web 应用)，已经显著地提高了平台的业绩和用户的黏性。但随着基于 Web 2.0 网络技术的发展、移动互联网和“互联网＋”的广泛应用，可获得的网络信息面和信息类型呈现多样性，尤其是社交媒体的大量涌现，使得可利用的信息更多，情景更加复杂。互联网应用正走向大融合时代，在多源异构环境下，智能化和个性化是必然的趋势，推荐系统相关技术的深度应用也将成为其中最为关键的一部分。

根据推荐系统所利用的信息源不同，推荐系统总体上分为两大类，即基于内容(Content-Based，CB)的推荐和协同过滤(Collaborative Filtering，CF)推荐。基于内容的推荐主要是建立用户兴趣模型，分析推荐对象与用户兴趣模型的匹配程度，推荐 Top-k 最为相似的项目；协同过滤推荐(可细分为 User-Based、Item-Based 和 Model-Based 等)主要是利用相似用户、相似项目或模型学习等方法进行推荐。当然，两类方法各有优缺点。基于内容的推荐，更多地考虑到用户兴趣，适用于内容相关的推荐，如新闻资讯、文档等；协同过滤推荐更注重用户或项目间的协同，其扩展性(Scalability)较好，且其数学理论(如矩阵论、目标优化、概率论等)支撑性较强。鉴于这两个方面的优点，协同过滤推荐广泛应用于一些大型 Web 网站和电商平台。但随着应用环境的变化，多种情景信息影响了用户的兴趣偏好和决策。传统的推荐技术难以精确地满足要求，尤其缺乏对情景信息的深度分析及利用、挖掘和融合。因此，情景感知(Context-Aware)的推荐技术是应用平台必然的选择。而现有的情景感知推荐系统(Context-Aware Recommender System，CARS)还存在一些挑战和亟待解决的关键问题：

(1) 现有网络环境下的推荐问题中，存在多种情景信息，用户偏好和决策会受到这些情景信息的影响。通过对多个应用平台上用户兴趣偏好和行为的分析，本书发现一些有趣的现象和值得研究的问题：① 不同推荐问题，影响用户的情景因素存在差异，可获得的情景信息不同，即情景依赖于具体研究领域和问题；② 对于一个已知的具体领域的推荐问题可能存在多种情景因素，共同对用户兴趣和行为产生影响，但明显有两个特点：一是不同情景对同一用户影响程度不一样；二是同一情景对不同用户影响程度也不一样。本质上讲，就是用户对情景的敏感性不同；③ 不同情景信息表现形式不一样，它可能是连续的，也可能是离散的，或两种都有可能，即如何在推荐系统中处理某个情景信息？④ 由于不同情景下用户兴趣偏好可能有所不同。如何在这些情景的基础上建立情景化用户模型来描述和刻画用户兴趣？以上给出的这些现象和问题，对于 CARS 来说是首先要解决的挑战，本书将其称为“有效情景检测与情景化用户建模”。

(2) 在解决了第一个挑战后，可以得到用户对情景敏感性的一些规律和利用情景信息描述的用户兴趣。但在 CARS 中，最终目标是要为用户生成“合适情景下的合适推荐”。那么这就面临着一个新的挑战，即如何利用多情景信息为用户产生“合适”的推荐？例如，用户在不同的时间情景和空间情景下选择的项目不同。用户于工作日在单位更多关注的是工作或研究相关的内容，而周末在家可能是以休闲和娱乐内容为主。如果周末去异地旅游，那感兴趣的内容更不一样。再比如，若某用户无论是在家里还是在电影院都很喜欢看科幻类电影，但当该用户与其女朋友在电影院一起看电影时，可能更倾向选择浪漫的爱情故事片。对于好友推荐也会出现类似的情况，如用户在社交网络中会交到很多朋友，很多社交平台经常为用户推荐“你感兴趣的人”或“你可能认识的人”等信息。在同一所城市，研究考古学的两个人，在各自朋友圈的影响下能很快成为社交网络中的“好友”。但用户能成为真正意义上的好友受到多种情景的影响，包括用户的兴趣偏好、社交情景、位置信息等。关于这个挑战，本书研究了两个问题：一是多维时间情景下的项目推荐；二是多情景感知与融合的好友推荐。现有的一些研究成果很少考虑到多个情景联合产生的推荐，且多情景下更容易产生数据稀疏问题。直接利用现有的预过滤(Pre-Filtering)和后过滤(Post-Filtering)及协同过滤方法难以生成高质量的推荐。

因此，多维度多情景感知与融合的推荐是CARS领域的一个新挑战。

(3) 不同的推荐问题包含的信息类型和种类不一样，从单个信息源考虑，难以很好地解决推荐问题。利用多源信息进行融合研究个性化推荐问题是一个重要的发展趋势，也是个性化推荐系统中面临的一个挑战。但实际情况中，有些问题包含的信息较少，主要是用户信息、项目信息和评分信息，传统的做法是利用协同过滤推荐方法，虽取得了不错的效果，但在精度的进一步提高方面却出现了瓶颈。为此，本书以基于评分模式的推荐问题为例，研究这种本身包含信息类型不多的情况下的推荐问题，挖掘多种内含信息源进行融合推荐。

1.5 主要研究内容

针对以上个性化推荐领域的挑战和相关分析，传统的个性化推荐问题大部分忽略了情景因素的作用，现有情景感知的推荐系统在一定程度上使用了情景信息，但主要使用单情景信息，仍然存在一些不足。基于信息融合的方式进行个性化推荐是提高推荐效果的一种重要途径，但目前仍然未提出很好的解决方案。为此，本书主要提出了以下几个方面的研究内容：

1.5.1 有效情景检测与情景化用户建模

通过对几个典型公开数据集（LDOS-CoMoDa、Foursquare等）和社交网络平台上用户兴趣和行为的分析，本书发现用户兴趣和行为决策受到内外两方面因素的影响，即用户自身兴趣偏好（内因）和各种情景因素（外因）。内因和外因共同作用下生成特定情景下用户的兴趣和行为。不同用户对不同情景的敏感性不同，即使是同一用户对不同情景也有不同的敏感性。为了更好地描述用户兴趣和产生情景感知的推荐，需要发现和检测用户对情景的敏感性，找到有效情景，建立情景化用户模型。因此，本书提出了用户有效情景检测和情景化用户建模框架（A Methodological Framework of CUM）。在该框架下，提出了基于情景过滤器的有效情景发现与检测方法，以及情景化建模范式。

1.5.2 多维时间情景感知的项目推荐

时间作为情景感知的推荐系统中一种重要情景元素，对用户的兴趣和行为产生着重要的影响。时间情景尤其特殊,不仅可以作为系统情景对待,还可以看成社会时序情景和项目的生命周期等。为了能够综合运用时间情景并充分挖掘时间情景在推荐中的深度作用,本书提出多维时间情景感知的项目推荐模型,即 MTAFM 模型(Multiple-Dimension Time-Context-Aware Fusion Model for Item Recommendation)和方法,解释隐含在用户行为背后的兴趣偏好和动机。该模型不仅考虑用户自身的兴趣偏好,同时将不同类型的时间情景作为不同维度,是一种多维时间融合的项目推荐模型。

1.5.3 多源情景感知与信息融合的好友推荐

随着社交媒体的发展,社交网络的日益盛行,用户数量与日俱增。用户之间形成了复杂的关注与被关注的关系,即所谓的“粉丝”与“偶像”的关系。“偶像”也被称为“好友”,是用户主动关注或接受推荐后关注的用户。因而,为用户推荐好友成为社交网络平台一个很典型的应用。本书在分析主流社交网络平台时,发现社交网络中含有丰富的情景信息,用户之间要成为真正的好友会受到多种因素的影响。仅利用单个或少数因素进行好友推荐的方法存在不足,不能很好地为目标用户发现和推荐真正感兴趣或“志趣相投”的好友。本书从多种情景信息源出发,主要包括用户特征、网络结构情景和用户社交情景,提出一个基于多源情景感知与信息融合的好友推荐模型。该模型不受情景信息源数量的限制,具有很好的可扩展性。

1.5.4 多源评分融合的协同过滤优化推荐

推荐问题涉及很多领域,有些领域的推荐问题包含可利用的信息较少,如传统基于评分的电影推荐等。这些问题主要使用了协同过滤推荐方法,包括基于用户和基于项目的协同推荐。本书在研究中发现,从单方面进行评分预测,精度瓶颈难以突破。本书从信息融合的角度出发,利用多视角评分预测,构建多源评分融合的协同过滤优化推荐方法。

第2章　有效情景检测与情景化用户建模

2.1 引　言

互联网 Web 2.0 时代，个性化推荐系统得到深入研究和实践。情景感知的推荐系统(Context-Aware Recommender System，CARS)对于增强用户体验、发现用户真正的兴趣非常重要[8]。在 CARS 中，用户的兴趣和行为受到各种情景信息的影响。但在实际环境中，有些系统情景信息较多，情况比较复杂，并不是每种情景信息都对用户有相同的影响。面对各种情景，用户表现出不同的特点：有的用户对情景比较敏感，有的用户对情景不敏感或不十分敏感。也就是说，用户对情景的敏感性不一样。

用户建模技术是推荐系统中的关键技术之一，但随着应用环境的变化，尤其是近年来社交网络的兴起等，传统的用户模型在情景感知的推荐系统中生成的推荐很难满足要求，如社交网络中的社交关系和交互行为等因素也影响了推荐效果，此时在刻画用户兴趣时就要考虑社交情景和用户交互行为，才能准确地表达用户兴趣。因此，情景化用户建模显得更加重要。

目前，社交网络应用十分广泛，人们开始考虑社交网络环境下用户兴趣模型的构建，利用社交信息扩展了用户模型。Huang H 等[92]提出了用社会化用户模型(Socialized User Model，SUM)来预测目标用户兴趣的方法，提高了用户兴趣预测精度，并将社会化用户模型应用到基于社区发现的个性化推荐中，取得了较好的推荐效果。但在实际应用场景中，用户感兴趣的对象或消费(如浏览、购买等行为统称为信息消费)的物品(item)还会受到诸如时间、空间、上下文、用户心情等因素的影响。不同的时间用户感兴趣的对象不同[3]；不同的心情，用户能接受的音乐曲目不同[93]；特定空间的位置下用户偏好对象也不一样，尤其是在位置社交网络中更是如此。而现有的文献在构建用户模型时没有充分考虑这些情景信息。因此，在含有丰富情景信息的推荐系统中，不能单靠传统的用户模型进行推荐。此时，需要进一步考虑用户、对象及系统相关的情景产生适合目标用户当时所在情景下的感兴趣对象，即合适的情景产生合适的推荐。

推荐系统中情景信息多种多样，不同程度上会对用户兴趣偏好和推荐过程产生影响。分析现有文献，充分利用情景信息进行个性推荐使得推荐效果有一定的提高[3,92-94]，但在用户建模中未能很好地考虑和利用情景信息，或仅使用了局部情景信息，如参考文献[63]在用户建模时考虑了最常见的时间情景信息，参考文献[92]提出了利用社交情景信息建立社会化用户模型等。为了在情景感知的推荐系统中更好地建立用户模型，需要考虑相关的情景。然而，目前利用情景信息对用户建模尚未有一个统一的模式，仍然存在很多困难。为了能有效建立基于情景的用户模型，需要先解决一些方法学上的问题，主要包括：

(1) 如何确定推荐系统中有哪些情景信息？

(2) 对于用户建模来说，系统中哪些情景是有效情景？如何处理这些情景信息？

(3) 如何在用户建模中融入情景信息？

2.2 情景及情景分类

2.2.1 情景概念

情景一词最早来源于普适计算中的一个概念[95]，主要强调三个方面，即在哪里、和谁在一起以及周围可获得的资源，如位置、噪音级别、网络连接、通信费用、通信带宽、周围同伴等。情景计算系统有助于促进和协调人与设备、计算机和其他人之间的交互。所以，本书针对推荐系统中情景信息对用户模型的影响，提出情景化用户建模，丰富用户模型理论，也便于使用情景化用户模型进行个性化推荐。

关于情景的概念，早期不同学者提出了不同的版本。在推荐系统中大多数学者认可的“情景”是由 Dey A K 在其两篇论文中提出的概念[52,98]，本书中的“情景”也引用了此概念，如定义 2.1 所述。

定义 2.1 情景是任何一种用于刻画一个实体对象的状况的信息。

这里的实体表示系统中一种抽象的范畴，可能是一个人、位置或被认为是与用户和应用(系统)间交互相关的对象，包括用户和应用系统本身。由此可见，这种情景信息在推荐系统中是广泛存在的，它们也必然对用户兴趣和推荐效果产生影响。所以，在推荐系统中对用户进行建模时，必然要考虑这些相关的情景信息。

2.2.2 推荐系统的情景分类

情景是一个多层面的概念，在不同学科和领域中有不同的定义和说法，目前仍无法用一个通用或统一的定义进行描述。如，在认知科学中，情景可理解为与场景相关的信息，类似在记忆研究中的事件、人物、图片等[96]；在普适计算中，情景偏向于系统环境相关的信息，如与计算机相连的设备、传感器、位置等信息。但在研究一个具体系统时，到底需要哪些情景信息，如何充分利用情景信息，则需要对情景信息进行界定和具体化。

在分析现有文献的基础上，本书认为推荐系统中主要有四类核心实体，即用户、项目、系统和用户行为记录。又根据现有参考文献[71,82-83,97]，时间和空间信息无论对用户偏好还是推荐过程都有很重要的作用，为了方便问题研究，本书将时间和空间元素当作一类情景。其中，与用户行为记录相关的情景如用户行为产生时的时间、位置、心情、心理状态等可以划分到用户、项目或系统情景中，因此本书将情景划分为用户情景、项目情景、系统情景和时空情景 4 类。

1. 用户情景

用户作为推荐系统中一个重要实体，具有相关的情景也相对较多。主要包括用户概况、社交情景（如社会关系、社会行为活动等）、心情状态、情感倾向等。其中，用户概况也称为用户概貌或用户人口统计信息，主要描述了用户的主要属性和特征，其中与情景相关的特征包括年龄、性别、婚姻状况、职业等；社交情景主要有两类，即社交关系和行为（活动）。社交情景只有在社交网络中出现，目前多数推荐系统中都包含有社交信息，如国内的 BAT（百度、阿里巴巴、腾讯）平台、国外的 Facebook 和 Twitter 等。其中，社交关系表明用户的关注与被关注关系，实际上就是用户的好友与粉丝。好友和粉丝也是系统中的用户，可理解为与目标用户相关的其他用户，类似于 Schilit B 等[95]所说的用户的“伙伴”或“同伴”（Companies）。社交行为活动是指用户之间的交互活动，如点赞、转发、评论等。心情状态情景描述用户在系统中进行行为活动或浏览信息时所具有的心情，如用户在心情愉悦和心情悲伤时所听的音乐曲目不一样，高兴时可能选择欢快的曲目；悲伤时可能选择悲情低落的曲目。情感倾向表示用户在系统中对客观事物、信息或人等所持有的主观态度或观点，包括正、负和中性 3 种情况，也有分为乐观、悲伤、愤怒和惊讶 4 种情况。如有些用户对足球感兴趣，但对中国足球一直持有负面情感倾向，不太认同中国足球等。还有一些用户对生活充满希望，在其微博平台和社交圈内总是会出现很多充满“正能量”的信息等。

2. 项目情景

项目情景是与项目本身相关的情景，主要包括项目生命周期、相似项目集合以及用户作用于项目上的行为情景等。与用户概况不同，项目概况没有作为项目情景，因为项目概况描述项目属性和特征，是相对静态的特征，如电影的类别、主演和导演等不会发生变化。生命周期是项目一个很重要的情景信息，表示了项目从产生、发展、盛行、衰败和消亡的过程，对推荐过程产生重要影响。如新闻资讯类项目，时效性很强，那些过时很久的信息不太可能引起用户很大的兴趣。项目在其生命周期内，用户在某个时间对项目的消费如点击浏览、观看、购买、评论等，刻画了项目的受欢迎程度等。相似项目情景可理解为与当前项目在某种相似性度量方法和一定阈值下的相似项目的集合，可用于扩展用户兴趣和产生基于项目的协同推荐。

3. 系统情景

系统情景是与系统环境相关的情景的统称，范围相对较为广泛，主要有网络连接性、网速、流量、设备类型、温度、天气、室内、室外等。网络连接性表示是否有可用的网络连接；网速表示网络连接速度的快慢；流量表示网络连接可用的流量是否充足；设备类型指的是移动设备还是台式PC机等；温度和天气是与气候相关的情景，如对于大多数用户夏天时不适宜为其推荐羽绒服，冬天时不适合推荐游泳产品等。室内和室外情景对用户兴趣和推荐也会产生影响，如有些用户喜欢室内运动而不喜欢室外活动，而有些却恰好相反。当然，针对不同的推荐领域和对象，系统情景也存在差异。

4. 时空情景

时空情景分为时间情景和空间情景，是一类特殊又典型的情景，主要因为时空情景较为普遍，尤其是时间情景，在推荐系统中既易获取，又易建模和量化。如随着时间的流逝，用户兴趣会发生迁移；工作日和周末用户感兴趣的对象不同；白天和晚上感兴趣的对象也不同等。再如，电子商务系统中，重要的节假日（如双十一、圣诞节、元旦等）用户兴趣会变得广泛，商家促销的商品更容易被用户接受。随着智能设备的广泛应用和软件技术的成熟，位置信息变得相对容易，尤其是在基于位置的社交网络中，空间情景是极其重要的情景，用户的每项活动都与位置信息相关，用户建模和推荐都会使用到空间情景信息。在推荐系统中空间信息也是较为普遍的情景，如用户在常住地位置情景可能对其兴趣和偏好没有太大影响，但如果用户去外地旅游，位置信息就显得重要了。如为用户推荐一些当地有特色的物品或信息，用户更愿意接受。所以，本书将时空情景归为第四类情景。

对于一个情景感知的推荐系统，在确定各类情景时，目前没有一个很好的方法找出具体有哪些情景元素，一方面要依靠专家或研究者经验进行确定，另一方面推荐系统里不能考虑过多的情景，否则会带来很大的稀疏问题，建模效果会适得其反。

2.3 传统用户建模概况

2.3.1 用户建模

用户建模即构建用户模型。用户模型最早出现在智能对话系统中[99]，主要用于描述目标用户的信念、目标、计划和背景知识等相关概念集合，便于在智能对话中计算机给出与目标用户请求相匹配的解答。其本质上是对目标用户的内在偏好、已有知识和需求的描述，其在推荐系统中，用户模型与此接近，但更侧重于对用户属性特征、兴趣等的描述，其主要是根据用户历史记录建立用户偏好模型[3,92,99]（部分文献称为用户概况，User Profile[100-101]），刻画用户兴趣特征。在用户模型的基础上，推荐系统利用各种推荐算法找到与用户兴趣相匹配的对象推荐给目标用户，并且根据目标用户对推荐对象的响应，再进一步修正用户模型，从而不断地提高推荐系统的准确度。

分析现有文献，用户建模大致经历了 3 个阶段，即手动定制建模阶段、示例建模阶段和自动化用户建模阶段。

手动定制建模指的是用户在使用系统前根据自己的兴趣爱好和需求输入感兴趣的关键词，即使用关键词列表表示用户兴趣模型。如早期卡内基梅隆大学 Armstrong R 教授等[102]开发的 WebWatcher 智能体，它是嵌入到网页中的一个引导用户浏览可能感兴趣的网页的智能程序。还有早期一些专业领域网站、电子商务平台等也是手动定制用户模型，这些网站都有相应的网页接口引导用户输入感兴趣的关键词。相较而言，这种手动定制建模有诸多缺点，如依赖用户、干扰用户体验、不能及时更新、精确度不高等。与此类似的一种建模方法还包括基于主题词的用户建模。如用科技、政治、艺术等表示用户模型，只是主题词比基于关键词用户模型中的关键词更加抽象、范围更广，但本质上没有太大区别。

示例建模即由用户按照预设格式输入其感兴趣的示例和相关附加信息，或将上次会话中操作的记录保存为示例，再或从用户收藏夹中提取示例，实现对用户兴趣进行描述[103-104]。其典型代表有加州大学开发的 Syskill & Webert 智能体[103]和清华大学开发的 Open Bookmark 服务系统[105]。示例建模虽然不需要用户输入兴趣信息，可直接从会话或收藏夹中提取示例，但也存在一些明显的缺点，如收藏夹中不一定保存了所有用户感兴趣的示例，若会话丢失则无法得到上次会话内容生成的示例，准确性仍然不高等。

自动化用户建模克服了上述两种建模方法的主要缺点，是目前主流用户建模方法，它不需要用户干预，自动采集用户历史记录，利用统计、概率、矩阵以及机器学习等技术建立用户模型。根据推荐系统领域和目标对象的不同，自动化用户建模方法划分为多种形式，主要有向量空间模型（Vector Space Model，VSM）建模、语义本体（Ontology）建模、邻域用户建模、社会化用户建模以及数学建模（主要是矩阵和概率论知识）等。

VSM 建模方法主要是根据用户历史记录，采用一定的技术（如 TF-IDF[106] 等）建立用户模型，向量中每个元素表示用户某个方面的兴趣度[15,107-109]，兴趣度的大小可根据用户历史记录的变化动态更新。由于 VSM 模型不能很好地体现兴趣元素之间的语义关系，Kay 等[111] 提出了基于语义本体模型的用户建模方法。本体是一个领域的概念化的显式表示规范[112]，概念具有一定的语义，概念间具有层次结构，支持语义推理。Skillen R L 等[113] 将本体化用户模型用于普适环境下的个性化服务应答请求，并提出本体化用户建模的五个步骤，即分析用户特征、确定领域关键实体间的关系、识别和定义核心概念、划分概念和属性形成层次结构，以及使用本体形式化描述语言建立本体模型。其中，关键概念的语义关系和层次结构可以参考维基百科或百度百科。语义本体模型较好地表达了用户兴趣偏好，但在社交平台下，用户的兴趣偏好还会受到其好友的影响，所以单个用户的语义本体模型还可以进一步扩展，更全面、深入地刻画用户兴趣。为此，Zheng J 等[114] 在百度百科的基础上，构建了微博平台主题推荐语义本体，建立了基于语义本体的邻域用户模型，对初始用户本体模型进行了扩展，并用于微博场景下的主题推荐，其推荐性能比传统的 CF 协同推荐方法有较大的提高。为进一步利用社交关系，Huang M 等[92] 提出了社会化用户建模方法。社会化用户模型包括用户自身兴趣模型和基于社交关系形成的社区兴趣模型，利用机器学习方法训练组合参数，最终得到一个更全面的社会化用户模型。另外，在基于评分的推荐系统中，用户历史记录包含在用户-项目评分矩阵中，通常利用数学相关理论（如统计、概率等）构建类似效用函数的方法来建立用户兴趣模型[3]。

用户建模是个性化推荐中一项重要技术，自动化建模方法是建模主流和必然趋势。它对用户兴趣的刻画越来越准确，在提高推荐效果中起到了很重要的作用。但在利用系统中相关情景信息时仍然还有一定的欠缺，如未考虑因情景信息的不同而导致的用户兴趣的变化等。

2.3.2　情景信息应用概况

情景感知计算系统最早起源于普适计算系统，而情景感知的推荐系统最早由

Adomavicius G 等[54]提出，给出了情景感知的推荐范式和相关理论，拓展和延伸了推荐系统相关研究。在传统用户建模过程中也或多或少地使用到了一些情景信息，主要包括两类即时间情景[63,108,115]和社交情景[92,115]。时间是所有推荐系统中最易获得的情景信息，如用户评分时间、浏览时间、发布时间等。因此，不仅在推荐过程中使用时间情景，而且在用户建模时同样可以使用。Ding Y 等[63]较早将时间信息用于协同过滤推荐方法，体现用户对项目评分的时间敏感性。在用户文档兴趣建模中，Cheng 等[108]认为用户最近浏览的文档更能体现当前的兴趣，将时间延迟函数融于用户建模，更为贴近和真实地体现用户文档兴趣。随着社交平台的广泛应用，基于社交关系的个性化推荐也得到深入研究。Yin H 等[115]在社交媒体系统中，将用户本身兴趣和时间组合提出时序情景感知混合模型 TCAM，考虑到用户兴趣的不稳定性和随时间变化的特点，扩展了 TCAM 模型，并利用社交信息缓解用户建模过程中的数据稀疏性问题。Huang M 等[92]在微博主题兴趣预测中，提出了社会化用户模型，其兴趣预测准确度较未利用社交信息时的用户模型有很大的提高。在电子商务推荐领域中，Panniello V 等[116]在研究情景化推荐方法时，将情景看成是一个维度即变量，且具有层次结构，含有 k 个变量值。针对这 k 个值采用传统的建模技术为用户建立 k 个微用户模型。

现有文献在用户建模过程中虽然使用到一部分情景信息（主要时间和社交关系），改进了传统的用户模型，但仍然存在两方面的问题：一是使用情景信息不够深入，情景种类有限，且主要是改进原来的用户模型；二是建模方法、技术、模式不够系统和科学。由于不同推荐系统，情景信息、目标对象等不同，用户建模细节存在较大差异，因此为充分利用情景信息，更好地刻画用户兴趣，需要一个相对较规范的、系统化的建模范式和一套科学的指引原则。

2.4 有效情景检测

2.4.1 情景过滤器

虽然在情景感知的推荐系统中包含多种情景元素，但这些情景元素一定与目标问题相关且有效吗？如在景点推荐系统中的天气情景，如果推荐的是室内景点则天气不是一个有效的情景元素，但如果推荐的是室外情景，则天气是一个不得不考虑的情景元素。再如，考虑时间情景元素对用户兴趣影响时，过去的文献将时间情景作用于每个用户，使用统一的延迟函数对用户历史记录进行加权处理[63]，而实际上并不是所有用户都对时间情景敏感,即用户对时间的敏感性不一样。相关且有效的情景对情景化用户建模有促进作用,反之不相关或无效的情景可能对用户建模产生负面作用,反而影响了用户建模质量。所以,本章设计了一个情景过滤器,主要负责在进行情景化用户建模前先筛选出具有一定敏感性的用户情景,即用户情景敏感性检测,从而能更好地建立情景化用户模型。

用户情景敏感性检测分为两个阶段:经验选择阶段(初选)和技术选择阶段(精选)。如图 2.1 所示。

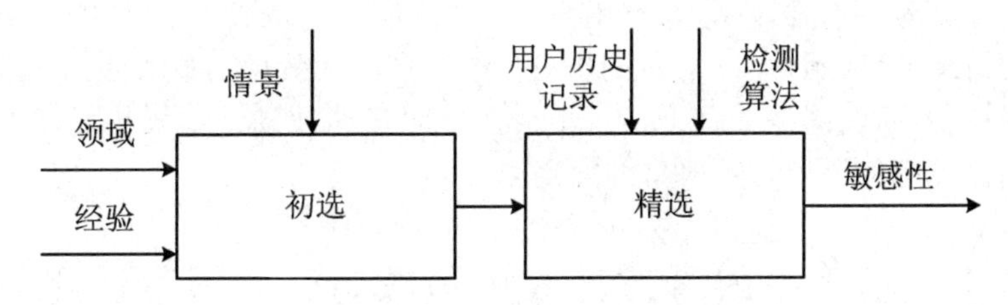

图 2.1　用户情景敏感性检测

由于在情景感知推荐系统中所涉及的情景信息很多且处理起来非常复杂,很难直接以一种统一的、成熟的技术方法确定它们对用户情景的敏感性。所以,在初选阶段通过专家经验确定一些可能有效的情景信息,再进一步进行精选,即利用用户历史记录和相应的技术方法(算法)进行检测,分析用户对各种情景元素的敏感性。后续章节将详细讨论用户情景敏感性检测算法。该算法框架如表 2.1 所示。

表 2.1　用户情景敏感性检测算法框架

算法:用户情景敏感性检测算法

输入:用户 u_j,情景 c_i,情景处理方式 w_{c_i},用户历史记录集 h_{u_j}

输出:布尔值(true/false)

过程:步骤 1:首先对用户历史记录集进行预处理,主要是剔除一些异常值;

步骤 2:在用户历史记录集 h_{u_j} 中划分情景 c_i 下的记录集 $h_{u_j}^{c_i}$;

步骤 3:根据排序规则 O,对数据集 $h_{u_j}^{c_i}$ 进行排序,即 $h_{u_j}^{c_i}(O)$;

步骤 4:根据数据集 *Size* 和情景处理方式 w_{c_i},将数据集 $h_{u_j}^{c_i}(O)$ 划分成 n 份子数据集,

即 $h_{u_j}^{c_i}(O)=\{h_{u_j}^{c_i(1)},h_{u_j}^{c_i(2)},\cdots,h_{u_j}^{c_i(k)},\cdots,h_{u_j}^{c_i(n)}\}$;

步骤 5:计算子数据集 $h_{u_j}^{c_i(k)}$ 的效用函数值 f_k;

步骤 6:综合 n 个效用函数值,根据判定规则返回 true 或 false;

步骤 7:算法结束

该算法框架的思想主要是利用用户历史记录,根据情景 c_i 筛选出相应的子数据集,再结合情景处理方式 w_{c_i} 和数据集大小条件 *Size* 划分子数据集为 n 份,进一

步计算 n 个效用函数值，根据具体领域和学科相关问题相应的规则，如阈值判别、统计检验等，判断用户对情景 c_i 是否敏感，返回 true 则表示用户对情景 c_i 敏感；反之则不敏感。

在情景过滤器精选阶段，依赖敏感性检测算法是关键，用来判断用户对某个或某些情景是否敏感，可以假设该算法的核心是一个效用函数 f：

$$f_{\text{Utility}} = f(h_{u_j}, c_j) \tag{2.1}$$

该函数为一个抽象目标函数，依赖于具体消费项目类型，可能是项目评分、可能是兴趣种类等。不难理解，如果用户 u_j 兴趣偏好受情景 c_i 的影响，则在 c_i 取不同值的情况下，由用户 u_j 对应的历史记录所产生的效用函数值分 $f(h_{u_j,c_i})$ 将产生较大的波动，而在同一 c_i 取值下，不会产生明显的波动。本书根据现有推荐系统不同项目类型将提出几种典型的效用函数。

2.4.2　基于单因素方差效用函数的有效情景检测

推荐系统中情景种类很多，处理方式有连续和离散两种，多数以离散处理方式为主。对于情景 c_i，离散方式处理的情景可以看成是类别变量，假设类别变量有 K_{c_i} 个水平（即取值），则由 K_{c_i} 个不同情景水平形成的项目评分得到 K_{c_i} 个数据总体，利用方差分析可以较为有效地判断各项目评分总体是否存在显著差异。连续情景处理方式中，可将连续情景划分成 n 段，每段可看成一个类别变量，从而将连续情景处理方式转换为离散情景处理方式。

假设有用户 u_j 和情景 c_i，c_i 有 K_{c_i} 个水平，第 k 个水平有 $N_{c_i}^k$ 个项目评分，则单情景因素数据集结构如表 2.2 所示。

表 2.2　单情景因素项目评分数据集结构

情景水平	项目评分	均分
$V_{c_i}^1$	$R_{11}, R_{12}, \cdots, R_{1N_{c_i}^1}$	$\overline{R}_1$
$V_{c_i}^1$	$R_{21}, R_{22}, \cdots, R_{2N_{c_i}^2}$	$\overline{R}_2$
…	…	…
$V_{c_i}^{K_{c_i}}$	$R_{K_{c_i}^1}, R_{c_i2}, \cdots, R_{K_{c_i}N_{c_i}^{K_{c_i}}}$	$\overline{R}_{Kc_i}$

其中，$V_{c_i}^k$ 表示情景 c_i 的第 k 个取值水平，R_{kn} 为项目评分即历史观测值，且 $k=1,2,\cdots K_{c_i}, n=1,2,\cdots,N_{c_i}$。第 k 个水平的项目评分均值为

$$\overline{R}_k = \frac{1}{N_{c_i}}\sum_{n=1}^{N_{c_i}} R_{kn} \tag{2.2}$$

所有项目平均评分为

$$\overline{R} = \frac{1}{K_{c_i}N}\sum_{k=1}^{K_{c_i}}\sum_{n=1}^{N_{c_i}^{K_{c_i}}} R_{kn} \tag{2.3}$$

其中 $N = \sum_{k=1}^{K_{c_i}} N_{c_i}^k$，也就是各情景水平对应的数据集均值 $\overline{R}_k(k=1,2,\cdots,N_{c_i}^{K_{c_i}})$的平均值。

同时，设项目评分总变差为 SST，组内变差为 SSE，组间变差为 SSA。SST 表示每一个项目评分观测值 R_{kn} 与总均值 $\overline{R}$ 的离差平方和；SSE 表示单个情景水平下项目评分与对应平均评分的离差平方和；SSA 表示各情景水平对应的项目平均评分与样本总体平均评分之间的离差平方和。SST、SSE 和 SSA 的计算公式如下：

$$SST = \sum_{k=1}^{K_{c_i}}\sum_{n=1}^{N_{c_i}^k}(R_{kn} - \overline{R})^2 \tag{2.4}$$

$$SSE = \sum_{k,n}(R_{kn} - \overline{R}_k)^2 \tag{2.5}$$

$$SSA = \sum_{k,n}(\overline{R}_k - \overline{R})^2 \tag{2.6}$$

则总变差 SST 与组内变差 SSE 和组间变差 SSA 之间有如下关系（证明略）：

$$SST = SSE + SSA \tag{2.7}$$

各情景水平下，如果用户对情景 c_i 不敏感，则可假设各均值相等，构造原假设 H_0，利用组内变差 SSE 和组间变差 SSA 的分布，可以构造下面的 F 统计量：

$$F = \frac{SSA/(M-1)}{SSE/\left(\sum_n N_{c_i}^{K_{c_i}} - M\right)} \tag{2.8}$$

该式服从自由度为 $M-1$ 和 $\sum_n N_{c_i}^{K_{c_i}} - M$ 的 F 分布。在原假设 H_0 成立的情况下，式(2.8)的分母和分子对应的数学期望都等于 σ^2，则此时统计量 F 的值在1附近，几乎等于1；若拒绝原假设 H_0，即原假设不成立，各情景水平下的数据集均值不全等，则式(2.8)的分子期望理应大于 σ^2，同时由于该值会随着各情景水平对应的样本均值差异增大而越来越大，最终导致统计量 F 的值会远大于1。

因此，给定显著性水平 $\alpha=0.05$，当 $F > F_{\alpha/2}\left(M-1, \sum_n N_{c_i}^{K_{c_i}} - M\right)$ 时，拒绝原假设 H_0，就可以得出各情景水平下均值存在显著差异。也就是说，情景 c_i 的不同情景值对用户兴趣偏好产生了显著性影响。

鉴于以上分析，基于单因素方差分析的效用函数 f_{Utility} 可设为统计量 F，效用函数判定规则即为 F 假设检验规则。

$$f_{\text{Utility}} = f(SSA, SSE, M, N_{c_i}^{K_{c_i}}) = \frac{SSA/(M-1)}{SSE/\left(\sum_n N_{c_i}^{K_{c_i}} - M\right)} \tag{2.9}$$

另外,利用组间变差 SSA 和总变差计算显著性相关系数,可进一步验证假设检验的显著性,即

$$r = \sqrt{\frac{SSA}{SST}} \tag{2.10}$$

相关系数 r 满足 $0 \leqslant r \leqslant 1$,当 r 越大,表明情景 c_i 对用户偏好的影响越大;反之,则越小。

2.4.3 基于项目类型或属性效用函数的有效情景检测

设项目集 $S_P = \{p_i \mid i = 1,2,3,\cdots,N^P\}$,项目的类型集 $S_C = \{c_i \mid i = 1,2,3,\cdots,N^C\}$,并以项目类型为对象的向量空间模型表示用户兴趣偏好。给定情景 c_i,划分用户记录集 $h^u_{c_i}$ 为 n 份,即 $h^u_{c_i} = \bigcup_j h^u_{c_i(j)}$,则对应的用户兴趣偏好集合为 $S^u_{I_1}, S^u_{I_2}, \cdots, S^u_{I_n}, S^u_{I_k} = \{(c_m, v_m) \mid m = 1,2,3,\cdots,N^u_{I_k}\}$,对任意两个数据集 $h^u_{c_i(j)}, h^u_{c_i(k)}$ 用户的兴趣集为 $S^u_{I_j}, S^u_{I_k}$。则基于项目类型或属性的效用函数定义为用户兴趣集合之间 Jaccard 系数,利用兴趣集合相似性判断情景是否对用户兴趣产生影响,值越大则两集合越相似、差异越小;反之则越不相似、差异越大。其效用函数定义如下:

$$f_{\text{Uitlity}} = f(S^u_{I_j}, S^u_{I_k}) = J(S^u_{I_j}, S^u_{I_k}) = \frac{|S^u_{I_j} \cap S^u_{I_k}|}{|S^u_{I_j} \cup S^u_{I_k}|} \tag{2.11}$$

该效用函数的判定规则为 $f_{\text{Uitlity}} < \eta_J$,$\eta_J$ 为阈值。也就是说,效用函数值小于设定的阈值,表示 $S^u_{I_j}$ 和 $S^u_{I_k}$ 集合存在差异,即用户对情景 c_i 敏感;反之,用户对情景 c_i 不敏感。

2.4.4 基于选择概率效用函数的有效情景检测

假设有如下场景:在一定时间跨度下,给定情景 c_i,用户 u_j 的历史记录 $h^{u_j}_{c_i}$ 由 N^{u_j} 个文档组成,情景 c_i 有 n_{c_i} 个水平。在这 n_{c_i} 个情景水平下,根据 TF-IDF[106] 或 LDA[117] 等相关技术提取不同情景水平下的用户兴趣主题集 $V(u_j, c_i) = \{V_k(u_j, c_i) \mid k = 1,2,\cdots,n^{u_j}\}$,为简化和方便表示,第 k 个情景水平 c^k_i 下的用户兴趣模型简化为一个空间向量模型 $V_k(u_j, c_i) = (v(t_1), v(t_2), \cdots, v(t_{n^{u_j}}))$,$t_i$ 为兴趣主题词,$v(t_i)$ 表示用户 u_j 对主题 t_i 的兴趣度,从概率的角度来说,表示用户 u_j 对主题的选择概率。因此,对用户 u_j 得到一个用户兴趣主题概率分布 $v^{u_j} = (v(t_1), v(t_2), \cdots, v(t_{n^{u_j}}))$。

要判断用户 u_j 对情景 c_i 的敏感性,则根据用户 u_j 对该情景 c_i 的不同水平兴趣主题分布的差异性进行判断。为此,本书提出基于 Kullback-Leibler divergence

(KL)[118]散度分布的用户情景敏感性检测效用函数。

对任意 k 和 l 两个情景水平下，用户的兴趣主题概率分布为 $V_k(u_j, c_i)$和 $V_l(u_j, c_i)$，则 $V_k(u_j, c_i)$相对 $V_l(u_j, c_i)$的散度计算式定义[118]为

$$D_{KL}(V_l(u_j, c_i) \parallel V_k(u_j, c_i)) = \sum_m \ln\left(\frac{P(m)}{Q(m)}\right) P(m) \tag{2.12}$$

其中，P 表示 $V_l(u_j, c_i)$的分布，Q 表示 $V_k(u_j, c_i)$的分布。从信息论角度来看，KL 散度是两个概率分布 P 和 Q 间差异的非对称性度量，即用分布 Q 近似分布 P 时信息损失量的衡量。本书所研究的分布 P 和 Q 的差异，更倾向于一种类似分布之间的距离，但由于 KL 散度的非对称性，且不满足三角不等式性质，也就不能用于分布距离的度量，因而，不能直接作为本书所要求的用户情景敏感性检测效用函数。因此，本书综合两个方面，即同时计算 Q 相对 P 的散度和 P 相对 Q 的散度，来设计用户情景敏感性检测效用函数：

$$f_{\text{Utility}} = \frac{1}{2}(D_{KL}(P \parallel Q) + D_{KL}(Q \parallel P)) \tag{2.13}$$

即

$$f_{\text{Utility}} = \frac{1}{2}(D_{KL}(V_k(u_j, c_i) \parallel V_l(u_j, c_i)) + D_{KL}(V_l(u_j, c_i) \parallel V_k(u_j, c_i))) \tag{2.14}$$

理论上从效用函数公式不难看出，如果用户在两个不同情景水平下的分布 P 和 Q 完全相同，则效用函数值(距离)为 0，即两个分布没有任何差别，情景水平 c_i^k 和 c_i^l 对用户兴趣没有影响；反之若效用函数值越是远离 0，则用户兴趣越受到情景水平 c_i^k 和 c_i^l 的影响。当然，实际用户历史文档记录集极少出现两个分布完全相同的情况，所以在判定用户情景敏感性时设定一个阈值 η_{KL} 进行判断。

所以，基于选择概率的用户情景敏感性判定规则为：$f_{\text{Utility}} > \eta_{KL}$ 时，用户对情景 c_i 敏感；反之则不敏感。

2.5　情景化用户建模框架

本节主要讨论了情景化用户建模框架，其目的是解决在引言中提出的第三个关键问题。由于情景化用户建模非常复杂，考虑的因素也很多，无法用一个统一的模型进行表达。所以，为了能有效地引导人们建立用户模型，提出一个描述性框架，融于多种情景信息，并给出不同问题领域和学科下建立用户模型的条件、原则和方法。本节首先给出了一些通用的定义和符号，以便更好地描述建模框架和形式化。

2.5.1　模型框架

定义 2.2　(情景化用户建模框架)假设用 F_{CUM} 表示建模框架,则 F_{CUM} 可以定义为一个 5 元组,即 $F_{CUM}=(D,C,F,W,M)$。框架中各元素符号含义如表 2.3 所示。

表 2.3　CUM 框架符号及其对应的含义

符号	含　义
D	系统所属领域或学科
C	系统中所有情景元素集合
F	情景过滤器
W	情景处理方式
M	抽象用户模型

不同的推荐系统所包含的情景信息不同,不能一概而论。对于一个具体推荐系统,框架中的 D 由具体的领域或学科决定,划分不同的情景类别和情景元素;在所有情景元素集合 C 中,并不是每一种情景都对用户建模产生明显的影响,通过情景过滤器 F 可以得到一些与用户建模最相关的情景元素;但不同的情景元素处理方式不一样,对用户建模也会产生影响,如时间情景可以看成是连续的时间变量或离散的时间变量[110]等;框架中的用户模型 M 是一个抽象的模型概念,因为不同的推荐问题中推荐对象的描述和评价存在差异,无法用一个统一的模型进行描述,如在类似 Film、Music 等推荐问题中,可能使用基于评分的形式评价目标对象,用户建模时更多地使用基于评分矩阵;在新闻咨询信息包括文档、微博等推荐中,用户建模可能更倾向于使用向量空间模型 VSM[108] 或本体语义模型 Ontology Model[109-110] 等。

情景化用户建模框架由 5 个元素组成,除了抽象用户模型 M 外,其他 4 个元素 D、C、F 和 W 是建模条件,其形式化定义如下:

定义 2.3　条件 $D\in S_D$ 确定了推荐系统所属领域或学科,S_D 为问题领域或学科集合。

定义 2.4　条件 $C\subseteq S_c$ 确定了推荐系统所有情景信息,S_c 为广义上所有情景集合。

定义 2.5　条件 F 是一个情景过滤器算法,即 $F:f(H_u,C)$,其中 H_u 表示用户历史记录,C 为定义 2.4 中的情景集合。

定义 2.6　条件 W 是情景化用户建模框架中情景的处理方式，包括连续处理和离散处理，即 $W=\{W_i \mid i=1,2\}$。

情景化用户建模框架虽然是一个抽象的描述性框架，但可以引导在情景感知的推荐系统中进行用户建模，如图 2.2 所示。

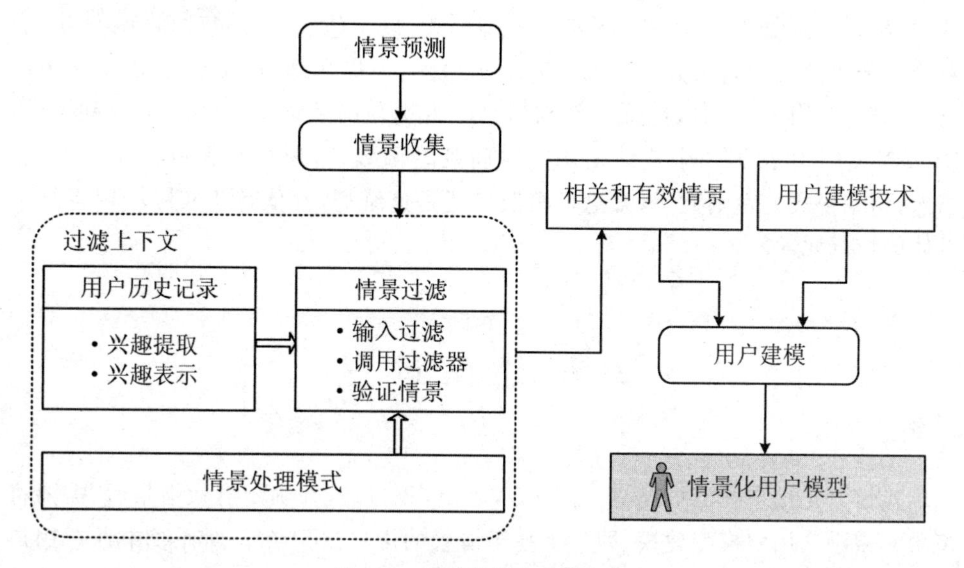

图 2.2　情景化用户建模框架

首先针对推荐系统所在的领域或学科，根据专家经验对系统可能存在情景信息进行预测，初步选定一些情景元素，并收集每种情景所涉及到的信息，即情景信息的获取。但这些情景信息并不一定都是有效的，同一种情景对用户 A 是有效，而对用户 B 却不一定是有效的。所以，初步选定的情境信息必须经过情景过滤器进一步筛选。筛选过程中，需根据情景的特点确定情景的处理方式，通过具体的算法进行检测，才能得到与用户相关且有效的情景信息。在此基础上，再利用用户历史记录和相关建模技术进行情景化用户建模。其中，所涉及的建模技术依赖于具体的问题(推荐系统)，包括但不限于向量空间模型建模技术、语义本体建模技术和矩阵建模技术等。

2.5.2　情景处理模式

情景在推荐系统中对用户兴趣产生影响的方式，称为情景处理模式，分为离散模式和连续模式。如果将情景看成是一个种变量，则情景处理模式分为离散情景变量和连续情景变量。如，天气情景为离散情景，分为晴天、雨天、雪天、阴天、刮风等；再如，时间情景为连续情景[63,108,110]，为一个时间段，即从开始时间到结束时间为连续的时间段，位置信息如果以 GPS 定位数据为值，则也可看成是连续型情景变量等。当然，时间也可处理成离散情景变量，类似白天和晚上等。为方便在情景化用户模型 CUM 中表示，情景处理模式形式化定义如下：

$$W_{c_i} = f(b, c_i, f'_{c_i}) \quad b \in \{0,1\} \tag{2.15}$$

其中，b 为二元变量，取 0 值表示离散处理模式，取 1 值表示连续处理模式。f'_{c_i} 为对应 b 下的模式处理函数。当 $b=0$ 时，f'_{c_i} 是一个集合函数，集合元素为情景 c_i 的不同取值；当 $b=1$ 时，f'_{c_i} 是一个与情景 c_i 相对应的连续型函数，如对时间情景，Ding Y 等[63]给出了一个连续型函数时间延迟函数，对用户兴趣进行加权处理。当然，情景模式处理函数 f'_{c_i} 无论是离散型还是连续型，都依赖于实际应用系统中具体的情景元素。

2.6 建模过程

对情景化用户建模框架 $F_{CUM}=(D,C,F,W,M)$，在确定有效情景后，需要将情景元素融入用户模型建模，即产生基于情景的用户模型 M。对系统中任意用户 u_j 来说，如果经过情景过滤器 F 检测后 $C=\varnothing$，则意味着用户对系统中的所有情景都不敏感，即情景对用户兴趣不产生影响。因此，直接使用现有传统用户建模技术建立该用户模型即可。而对于 $C\neq\varnothing$ 的用户来说，建立用户模型时要考虑情景元素。

利用情景信息无疑会更好地描述用户和建立用户模型，但如何充分利用情景信息是关键。由于不同领域，建立用户模型的技术和过程不完全相同，所以，用户建模方法也不一样。参考 Adomavicius G 等[8]情景化推荐思想，本节首先提出两个情景化用户模型构建的范式，论述情景化建模过程，如图 2.3 和图 2.6 所示，再具体讨论几个典型的情景化用户建模方法。

2.6.1 预过滤建模范式

该范式中，情景信息用于在建模过程中选择或筛选用户历史记录。也就是说，在建模过程中只使用到与情景信息相关的用户历史数据进行用户建模，这些数据称为情景化用户历史记录。虽然情景化用户历史记录与情景密切相关，但一个重要问题不得不考虑，即情景化用户历史数据可能会变得更加稀疏，尤其是在没有足够的用户历史数据的情况更加严重。为了解决这种情况下的数据稀疏问题，本书提出了一个基于用户情景局部稀疏因子的数据扩充方法进行缓解，如图 2.3 所示。

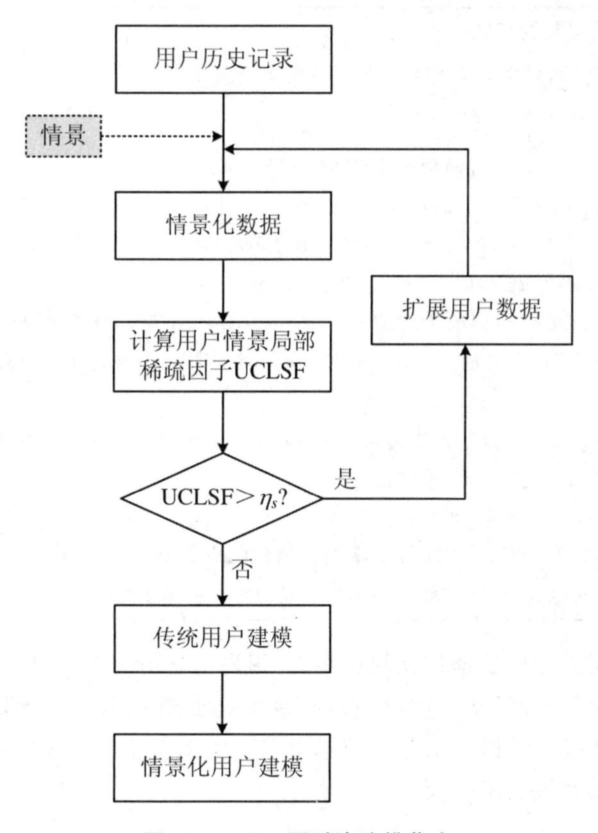

图 2.3　CUM 预过滤建模范式

定义 2.7　（用户情景局部稀疏因子，User Context Local Sparsity Factor，UCLSF）给定用户 u，其历史记录为 h_u，与情景 c 相关的用户历史记录为 h_u^c，则 $UCLSF$ 计算如下：

$$UCLSF = 1 - \frac{|h_u^c|}{|h_u|} \tag{2.16}$$

当 $UCLSF > \eta_s$，即用户情景化历史数据变得非常稀疏，直接建立情景化用户模型会影响到模型质量，此时需对情景化用户历史数据进行扩展。本书提出的基于用户情景局部稀疏因子缓解数据稀疏的方法分为两个阶段，第一个阶段利用情景的层次结构[8]对当前情景向上扩展（如图 2.4 和图 2.5 所示），取上一层次情景水平下用户历史数据扩展当前情景历史数据；第二个阶段利用相似用户、相同情景下历史数据扩展数据集。假设情景 c 具有 l 个层次结构，根节点为第 0 层，当前情景 c 处于第 l 层，则数据集扩展算法如表 2.4 所示。

表 2.4 用户情景历史数据扩展

算法:用户情景历史数据扩展

输入:用户 u,情景 c,层次为 l,用户初始情景历史记录集 $h_{u,c}^{l}$

输出:扩展后的用户历史数据集 h_{u}^{New}

过程:步骤 1:计算用户局部稀疏因子 $UCLSF$,$h_{u}^{New}=h_{u,c}^{l}$;

步骤 2:如果 $UCLSF>\eta_s$,向上泛化情景,即 $l=l-1$;

步骤 3:如果 $l<0$ 时,已达到顶层,转向步骤 5,否则取情景 c 的父情景对应的用户历史记录并入 h_{u}^{New},即 $h_{u,c}^{New}=h_{u,c}^{New}\cup h_{u,c}^{l}$;

步骤 4:计算 $UCLSF$,如果 $UCLSF\leqslant\eta_s$ 转向步骤 10 结束,否则转向步骤 2;

步骤 5:计算用 u 与其他用户的相似度,并按降序排列,$Sim_u=(s_{u,1},s_{u,2},\cdots,s_{u,n})$;

步骤 6:取 $k=1$;

步骤 7:取第 k 个与用户 c 相似的用户历史记录 $h_{u,c}^{l}$ 并入用户 c 的情景历史数据集 h_{u}^{New},即 $h_{u,c}^{New}=h_{u,c}^{New}\cup h_{k,c}^{l}$;

步骤 8:$k=k+1$,计算 $UCLSF$;

步骤 9:如果 $UCLSF>\eta_s$,转向步骤 7;否则转向步骤 10;

步骤 10:算法结束,返回扩展后的用户情景历史数据集 h_{u}^{New}

经过用户情景历史数据扩展数据集后,用户情景历史数据已满足要求,此时可使用传统的建模技术对用户进行建模,得到预过滤范式下的情景化用户模型。常用建模技术包括基于关键词的建模技术[119]、基于向量空间模型的建模技术[15,107]、基于语义本体的建模技术[15]等。

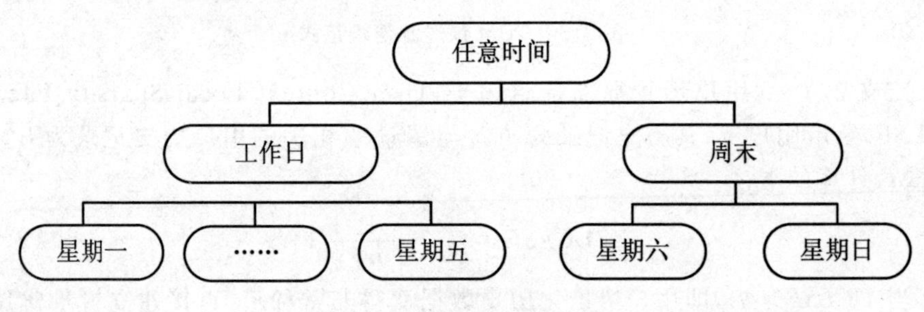

图 2.4 情景层次结构示例 1

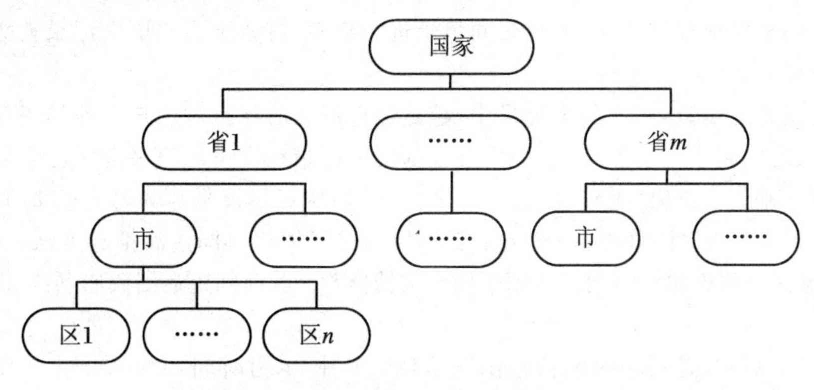

图 2.5　情景层次结构示例 2

2.6.2　融合建模范式

CUM 融合建模范式与预过滤模式不同，情景信息直接参与建模过程，而不是充当“选择器”的作用，如图 2.6 所示。

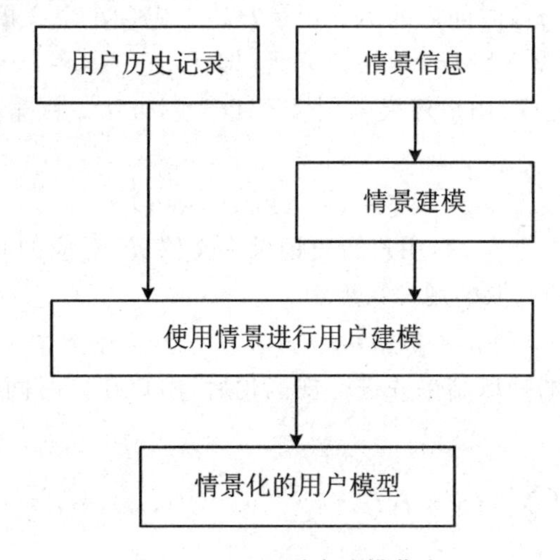

图 2.6　CUM 融合建模范式

该范式中首先对情景信息进行建模，得到一个情景信息处理函数 f，再将情景信息融于用户历史数据，建立情景化用户模型 CUM。下面以时间情景、位置情景和社交情景为例，讨论典型情景化用户建模方法。

1. 基于时间的情景化用户建模

时间是最容易获取的信息，成为情景感知的推荐系统中最为常见的情景，被广泛用于项目推荐[63,108]。时间情景既可作为连续型变量，也可作为离散型变量。本节将时间看成连续型变量，先对时间情景进行建模，再融于用户历史记录建立情景化用户模型。

时间延迟函数：用户历史记录中，越是最近消费的项目对用户当前的兴趣影响越大；反之则越小。也就是说，用户过去的历史记录在度量用户兴趣时会产生一定的衰减。基于该思想，Ding Y 等[63]设计了一个时间延迟函数作为时间权重，用于用户消费的历史项目的处理，并提出基于项目的时间加权协同过滤推荐方法。Cheng 等[108]利用类似思想将时间函数用于用户文档推荐。其时间延迟函数如下：

$$f(t) = \mathrm{e}^{-\lambda t} \tag{2.17}$$

式(2.17)只是一个时间情景函数示例。其中，t 为时间，λ 为参数。t 距离当前时间越近，函数值越接近于 1，反之逐渐远离 1，向 0 靠近，即产生衰减。但实际应用中，时间衰减函数还需要进行优化，因为时间情景对不同用户兴趣衰减速率不同，也就是该时间函数曲线下降斜率存在差异。

借鉴类似思想，将式(2.17)的时间情景函数用于时间情景化用户建模。由于不同推荐领域和对象，具体的用户建模技术和方法不同，这里仅给出一个时间情景化用户建模案例。

假设用户 u 在一段时间内的历史记录 H_u^{TS} 中包含 n 个文档，第 i 个文档用 d_i 表示，用向量空间模型 VSM 表示用户兴趣，即 $I_u = (v_1, v_2, \cdots, v_k)$，$v_k$ 表示第 k 个兴趣主题词的兴趣度，用户建模采用 TF-IDF[106]方法。则第 i 个文档提取用户兴趣的向量表示为

$$I_u^{d_i} = (v_{i1}, v_{i2}, \cdots, v_{ik}) \tag{2.18}$$

设时间情景函数为 $f(t)$，用户历史记录中文档 d_i 对应的时间为 t_i，则融入时间情景后第 i 个文档提取的用户兴趣为

$$I_u^{d_i} = (v_{i1} \times f(t_i), v_{i2} \times f(t_i), \cdots, v_{ik} \times f(t_i)) \tag{2.19}$$

综合 n 个文档的提取结果并进行规范化后，用户在该时间段内的兴趣向量空间模型为

$$I_u' = \frac{1}{\sum_{i=1}^{n} f(t_i)} \left(\sum_{i=1}^{n} (v_{i1} \times f(t_i)), \sum_{i=1}^{n} (v_{i2} \times f(t_i)), \cdots, \sum_{i=1}^{n} (v_{ik} \times f(t_i)) \right) \tag{2.20}$$

其中，$\dfrac{1}{\sum_{i=1}^{n} f(t_i)}$ 为规范化因子。式(2.20)就是一个典型的情景信息与用户历史记录融合的情景化用户建模示例。

2. 基于位置的情景化用户建模

位置信息也是在情景感知的推荐系统中一个典型的情景元素，尤其是基于位

置的社交网络(Location-Based Social Networks,LBSN)。位置情景既可以按离散型方式处理,如基于层次结构的地区划分物理位置[71]等,也可以按连续型方式处理,如使用GPS数据[120]精确表示位置信息等。在一些推荐系统中,用户兴趣偏好、活动等与位置信息密切相关,如POI推荐[82]、酒店推荐[121]、活动推荐[122]等。将位置情景融于用户历史记录,可建立基于位置的情景化用户模型LBCUM(Location-Based CUM)。

在空间位置相关的物品推荐中[123],假设有如下场景,给定用户 u 和位置信息,为用户 u 推荐感兴趣的物品 v(泛指与位置相关的对象)。如果用户兴趣用一个话题上的概率分布 ϕ_u 表示,即话题为一个多项式分布。与当前位置 l 的相关的喜好为一个话题上的多项式分布 ϕ_l,话题 z 在空间物品 v 上的分布为 ϕ_z,并且话题 z 由多个关键词生成,每个关键词 w_{vi} 的生成概率组成一个多项式分布 ϕ_w,则用户对物品 v 的选择概率为

$$P(v \mid \phi_u,\phi_l,\phi_z,\phi_w) = \lambda_u P(v \mid \phi_u,\phi_z,\phi_w) + (1-\lambda_u)P(v \mid \phi_l,\phi_z,\phi_w) \tag{2.21}$$

其中,$P(v|\phi_u,\phi_z,\phi_w)$为用户 u 根据其兴趣生成的选择概率,$P(v|\phi_l,\phi_z,\phi_w)$为由位置 l 相关的喜好生成的选择概率,λ_u 为组合权重。再利用用户历史记录训练式(2.21)中各分布及组合参数 λ_u,同时可得到用户兴趣模型 ϕ_u。

3. 基于社交情景的情景化用户建模

随着社交网络的盛行,社会化推荐也得到广泛研究和应用[110,124-125]。社交网络中包含丰富的社交情景信息,对社会化推荐起着重要的作用。社交网络中除了传统的情景信息,还包括社交关系和交互行为(点赞、转发、评论等)等情景。社交关系体现了用户之间的关注与被关注关系,即好友间的关系。用户之间的交互行为不仅反映了用户间的紧密度,还在一定程度上体现了用户间具有相似的兴趣偏好。因此,社交网络中的个性化推荐不但要考虑用户的兴趣偏好,而且要考虑相关的社交情景信息。

本节将给出课题组前期利用社交信息建立用户社会化模型的方法,作为基于社交情景的用户建模的一个案例。可以从两个方面对社交网络(如新浪微博、腾讯微博、Twitter等)中的用户进行建模:一是用户本身兴趣;二是社交关系情景,社交关系在一定程度上影响了用户兴趣。假设利用用户历史记录通过TF-IDF[106]方法抽取用户自身兴趣,并将其映射到一个事先建立好的四层结构的语义本体库[92]。由于语义本体库上下结构之间有语义关系,下层兴趣词会对上层兴趣词产生一定的语义贡献度。因此,用户 u 对本体库中第 i 个兴趣词的兴趣度为

$$I_i' = I_i + \sum_{j=1}^{n_{\text{child}}^i}(\alpha_j I_j^i) = I_i + \sum_{j=1}^{n_{\text{child}}^i}\left(\frac{I_j^i}{n_{\text{child}}^i}\right) \tag{2.22}$$

其中，I_i 为用户 u 对兴趣词 i 的原始兴趣度，n_{child}^i 为兴趣词 i 在本体库中对应的下级结点的数目。

考虑在社交情景中，用户之间存在关注与被关注关系，形成一个复杂的朋友关系关注网络。该网络形成了很多不同社区，用户 u 可能属于不同的社区 C。同一社区内的用户兴趣相似，但又不完全相同，各用户之间相互影响，且影响力大的用户对影响力小的用户产生更大的影响。所以，针对社区可以建立社区兴趣模型

$$\vec{I}_C = \frac{\sum_{i \in C} r_i \times \vec{I}_i}{\sum_{i \in C} r_i} \tag{2.23}$$

其中，$\vec{I}_i$ 表示社区 C 内第 i 个用户的兴趣模型向量，r_i 表示第 i 个用户的社区影响力。该式表明考虑社交情景，社区兴趣模型由该社区内所有用户的兴趣及其影响力共同生成。

所以，对社交情景建模后，用户 u 的最终兴趣模型为一个组合模型如下：

$$\vec{I}_u^{\,last} = \alpha \sum_{i \in C_u} (B_u^i \vec{I}_{C_u^i}) + (1 - \alpha)(1 - \beta s_u)\vec{I}_u' \tag{2.24}$$

其中，α 为用户 u 的兴趣受到所属社区的影响系数，β 为用户 u 兴趣被其他用户兴趣同化的系数，B_u^i 为用户 u 属于第 i 个社区的隶属度。

2.7 实验验证

在相对传统的个性化推荐系统中，情景感知的推荐系统的实验较难，因为目前尚没有一个公开的、富含多种情景信息的标准数据集。本书选取了一个小型真实数据集 LDOS-CoMoDa 进行相关实验。

2.7.1 LDOS-CoMoDa 数据集

LDOS-CoMoDa 数据集是由斯洛文尼亚卢布尔雅那大学的 Odic 教授研究小组专门设计的一个电影评论网站进行收集的。主要包含用户信息、电影信息、评分信息和丰富的情景信息，其中用户信息已经过脱敏，除去了敏感信息。所包含情景信息共有 12 种，分别为 time、season、weather、social、daytype、location、endEmo、dominantEmo、mood、physical、decision 和 interaction。该数据集为一个真实的小型数据集，情景信息较多，非常适合情景感知的推荐系统的实验研究。在该数据集上，本书主要验证和测试所提出的有效情景检测方法，发现用户对情景的敏

感性。

LDOS-CoMoDa 数据集是一个专门用于情景感知推荐系统实验的小型数据集,内含多种情景信息,原始数据集的基本信息如表 2.5 所示。

表 2.5　LDOS-CoMoDa 数据集统计信息

统计项	值
用户数	95
项目数	697
总评分数	1101
用户平均评分数	11.6
项目平均评分数	1.6
最大用户评分数	144
最低用户评分数	1
最大项目评分数	22
最低项目评分数	1

从图 2.7 和图 2.8 可看出,项目评分数和用户评分数分布都有类似的长尾现象,大多数用户评分数较少,项目评分也较少。由于评分数较少的用户难以判断其对情景信息的敏感性,因此选择了那些至少有 5 个以上评分的用户,最终选定了 38 个用户评分数据。

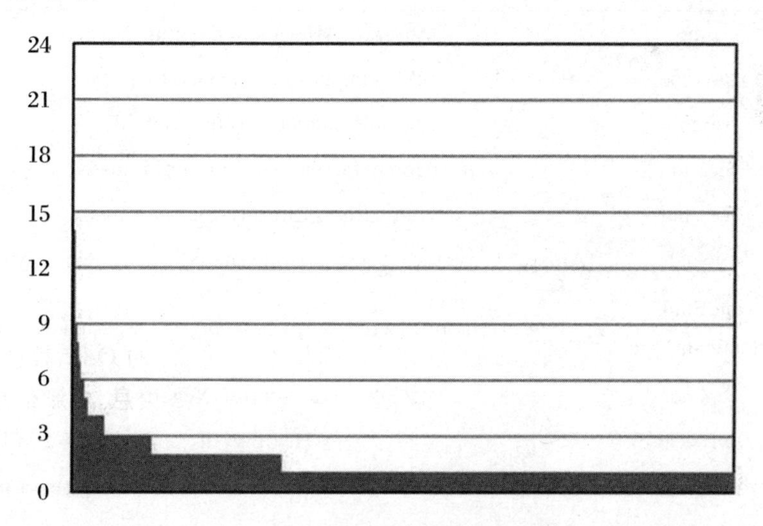

图 2.7　项目用户评分数量分布情况

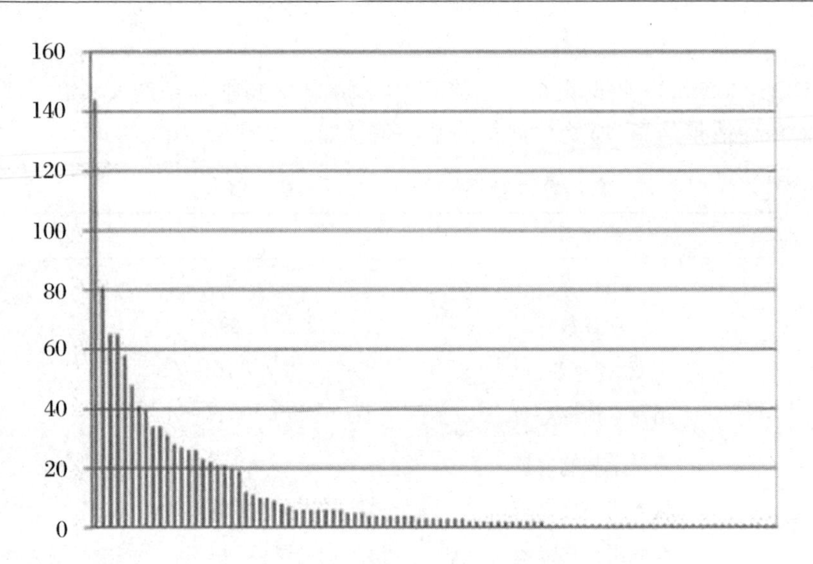

图 2.8 用户项目评分数量分布情况

LDOS-CoMoDa 该数据集包含较为丰富的情景元素，该网站提供了电影评分时的情景接口，每个用户在评分时可根据自己的当时状况选择相应的情景信息。最终收集到的情景元素共有 12 个，具体含义如表 2.6 所示。

表 2.6 LDOS-CoMoDa 数据集情景元素

序号	情景元素	描述
1	time	Morning, Afternoon, Evening, Night
2	daytype	Working day, Weekend, Holigday
3	season	Spring, Summer, Autumn, Winter
4	location	Home, Public place, Friend's house
5	weather	Sunny, Rainy, Stormy, Snowy, Cloudy
6	aocial	Alone, My partner, Friends, Colleagues, Parents, Public, My family
7/8	endEmo/ dominantEmo	Sad, Happy, Sacred, Surprised, Angry, Disgusted, Neutral
9	mood	Positive, Neutral, Negative
10	physical	Healthy, Ill
11	decision	User decided which movie to watch, User was given a movie
12	interaction	First interaction with a movie, n-th interaction with a movie

其中，endEmo 和 dominantEmo 取值相同，表示情绪情景信息。观察这些情

景元素，很明显情景值为离散型处理方式。接下来，将利用2.4节提出的基于单因素方差的效用函数建立情景过滤器，检测用户对这些情景元素的敏感性，提取与用户相关的有效情景。如果用户对某情景不敏感，则在该情景不同取值下，用户对电影的评分没有显著性差异，否则存在显著性差异。因此，以情景的不同取值为分析水平，不同类型项目平均评分为分析数据(数据集中项目类型共有25种，实际上，大多数用户感兴趣的电影集中在少数类型)，构造单因素方差分析数据表，如表2.7所示。

表2.7　情景 c_i 的单因素方差分析数据表

c_i 的情景水平	各类型项目平均评分	c_{ij} 下的评分平均值
c_{i1}	$\overline{R}_{11},\overline{R}_{12},\cdots,\overline{R}_{1,26}$	$\overline{R}_1$
c_{i2}	$\overline{R}_{21},\overline{R}_{22},\cdots,\overline{R}_{2,26}$	$\overline{R}_2$
…	…	…
c_{ik}	$\overline{R}_{K1},\overline{R}_{K2},\cdots,\overline{R}_{K26}$	$\overline{R}_K$

对于任意情景 c，先给出零(原)假设 H_0，即用户对其不敏感，也就是说用户在情景 c 的各水平下，感兴趣的各类型电影平均评分没有显著性差异。其中，显著性水平为 $P\text{-}value=0.05$。再构造基于单因素方差分析的 F 统计量，对选定的每个用户进行情景敏感性检测。

2.7.2　实验步骤

设计如下实验步骤：

第一步：依据实验数据集，初步选定情景元素，并收集和分析情景信息；

第二步：根据具体情景设计合适的情景过滤器，该实验采用基于单因素方差分析的有效情景检测；

第三步：针对每种情景，选择情景处理方式，利用情景过滤器判断用户对情景的敏感性，得到相关的、有效情景元素。

2.7.3　实验结果

1. 检测结果数据

由于不方便显示每个用户有效情景检测数据，本书仅给出在选定的用户内，评分最多和评分最少的两个用户的检测结果，如表2.8所示。

表 2.8 评分最多用户有效情景检测数据

情景元素	*SST*	*SSE*	*SSA*	*F*	*r*	敏感否
time	128.24	109.36	18.88	1.8420	0.3837	否
daytype	83.84	68.43	15.41	2.7018	0.4287	否
season	110.80	82.07	28.73	3.7336	0.5092	是
location	77.19	44.75	32.43	11.5959	0.6482	是
weather	130.64	113.48	17.17	1.6135	0.3625	否
social	102.47	48.68	53.79	13.2584	0.7245	是
endEmo	223.90	187.54	36.36	1.8611	0.403	否
dominantEmo	253.49	212.70	40.79	1.7898	0.4011	否
mood	0.00	0.00	0.00	0.0000	0.0000	否
physical	59.80	38.20	21.60	9.0466	0.6010	是
decision	60.50	58.50	2.00	0.5462	0.1817	否
interaction	49.05	47.94	1.10	0.368	0.1499	否

表 2.9 评分数最少用户有效情景检测数据

情景元素	*SST*	*SSE*	*SSA*	*F*	*r*	敏感否
time	25.50	23.50	2.00	0.5106	0.2801	否
daytype	39.00	37.50	1.50	0.1800	0.1961	否
season	39.00	29.50	9.50	1.4492	0.4935	否
location	0.00	0.00	0.00	0.0000	0.0000	否
weather	26.97	21.69	5.28	1.4611	0.4425	否
social	0.00	0.00	0.00	0.0000	0.0000	否
endEmo	35.73	34.69	1.04	0.1351	0.1707	否
dominantEmo	35.73	34.69	1.04	0.1351	0.1707	否
mood	35.73	33.94	1.79	0.2376	0.2239	否
physical	0.00	0.00	0.00	0.0000	0.0000	否
decision	0.00	0.00	0.00	0.0000	0.0000	否
interaction	26.97	17.94	9.03	3.0209	0.5787	是

观察表 2.8 和表 2.9 可以发现,它们存在较大的差异。表 2.8 中数据显示评分最多的用户对 12 类情景中的 4 类情景即 season、location、social 和 physical 敏感;而表中显示评分数据最少的用户仅对 interaction 情景敏感。其中,列表 F 表

示检验统计量，列表 r 表示情景 c 与各电影类型平均评分数据间的相关性系数。F 值越大表示，表示用户对情景 c 越敏感。表 2.8 和表 2.9 中均含有情景检测值为 0 的行，表示用户在对应情景 c 仅在一个情景水平下有评分数据。如表 2.8 中，评分最多的用户仅在 mood 情景的 Positive 下进行了评分，而其他两个水平 Neutral 和 Negative 没有评分，检测结果必然是不敏感的；表 2.9 中的情景 location、social、physical 和 decision 对应行的数据也为 0，结果为不敏感，其原因与表 2.8 中 mood 情景类似。

2. 用户总体情景敏感性

从整体上来看，用户对 12 种情景的敏感性如图 2.9 所示。用户敏感性最强的情景包括 mood、social 和 weather，占总体用户的 52.63%；比较敏感的情景为 location、endEmo 和 time，占用户总体的 47.37%、47.37% 和 44.74%；用户对剩下的 6 种情景具有一定的敏感性。

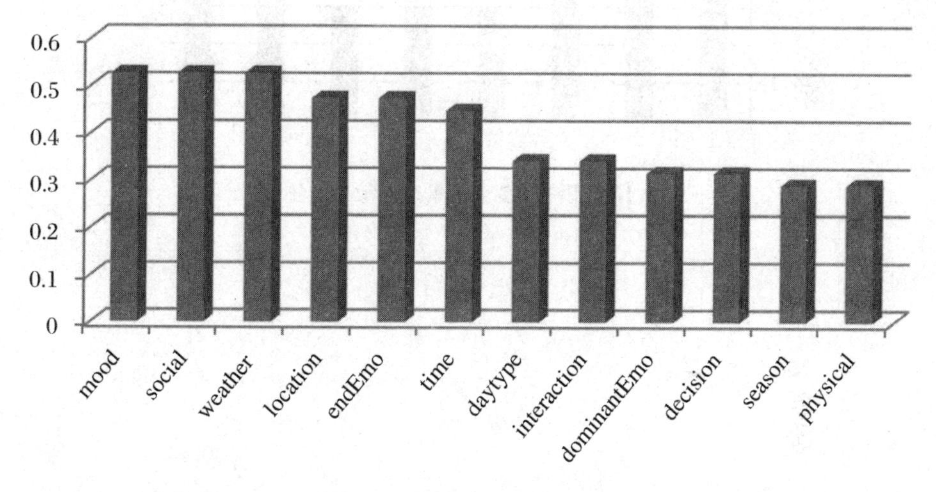

图 2.9　用户总体情景敏感性

该结果具有很好的解释性，符合现实世界中的情况。如对于 social 情景来说，包括情景水平有 Alone、My partner、Friends、Colleagues、Parents、Public、My family，当有不同的同伴陪用户观影时，用户选择的电影存在较大的差异。有同伴的情况下，通常会考虑同伴的喜好，因此选择的影片不一定完全是用户自己最喜欢的，而用户单独观看时可能更加自由。这种状况导致了用户对电影的评分存在波动，也就反映了用户对 social 情景的敏感性。其他情景也有类似情况，本书不再赘述。

3. 对多个情景同时敏感的统计

用户对不同情景具有不同的敏感性，且同时对多个情景的敏感性也不一样，如

图 2.10 所示，横坐标表示用户对多个情景同时敏感的数量，纵坐标表示用户数量。从图中可看出，对情景敏感性极强的用户有 9 个，用户最多同时对 8 种情景都敏感；同时对 4 种情景和 6 种情景敏感的用户均有 3 个；只对 1 种情景敏感的用户有 6 个。由此可见，用户同时对多种情景敏感性有较大的不同，进一步说明，用户对情景的敏感性存在差异，也体现了用户对情景敏感的个性化。

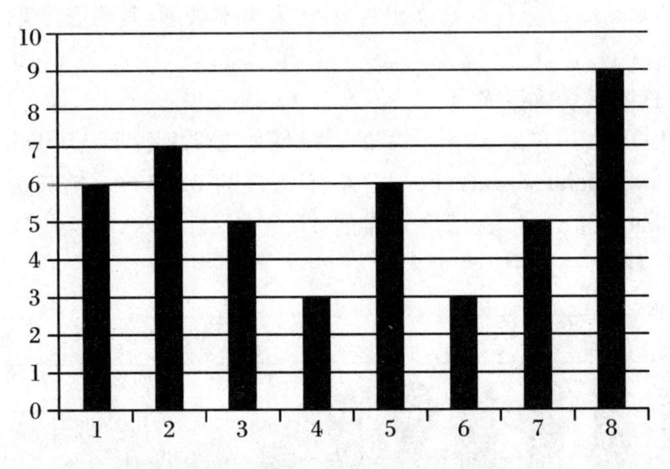

图 2.10　用户对多个情景同时敏感的统计

第3章　多维时间情景感知的项目推荐

3.1 引　言

随着移动设备的发展应用和社交媒体的流行，情景感知推荐系统越来越得到更多学者的研究，同时也受到工业界的广泛关注。在情景感知推荐系统中，准确地理解用户行为、兴趣偏好与系统中各情景元素的联系非常重要，尤其是许多电子商务和社交平台的在线应用更是如此。比如，根据季节的变化为用户推荐不同的服饰、根据用户在线会话信息推荐产品广告等。在情景信息丰富的信息时代，传统的个性化推荐系统[20-22]仅依赖用户兴趣推荐项目①，不能很好地满足要求，因为用户的兴趣和行为受到多种情景的影响，在不同情景状况下，用户的选择会发生变化。比如，在吃饭时间为用户推荐美食；在休息时间为用户推荐休闲娱乐相关资讯；用户心情愉悦时为其推荐欢快的音乐等。再比如，在社交平台（如中国的新浪微博、腾讯微博，国外的 Twitter、Facebook 等）信息更新快，用户根据兴趣发布和浏览信息，同时为用户推荐当时的热点新闻和热点事件时，多数用户常常也被吸引，不由自主地点击浏览。所以，用户在社交媒体时代，其网络行为不一定完全由自己兴趣决定。其中，时间在情景感知的推荐系统中是最为典型和最易获得的情景，且用户兴趣和行为受时间情景影响较大，不同类型的时间情景对用户影响程度也不同。考虑时间情景，为了更好地描述用户的兴趣和行为，需要借助本书第 2 章论述的情景化用户模型进行用户建模。

针对时间情景，通过对现有社交网络和一些相关数据集的分析，本书发现用户在网络中的选择行为受到多种时间情景的影响，主要有用户兴趣时间情景、社会时序情景和用户交互时间情景等。本书将这三类情景看成是时间情景的三个维度，它们共同影响了用户的兴趣和行为，其结果直接导致了时间情景感知推荐系统（Time-Context-Aware Recommender System，TCARS）的推荐效果和性能的优劣。

---

① 本书中的项目是一个抽象概念，泛指推荐系统中的对象或物品，如电影、音乐、书籍、商品、新闻咨讯等。

3.1.1 用户兴趣时间情景

现有参考文献[63,65,108,110,115]研究表明,时间情景对大多数用户兴趣产生影响,主要表现为用户兴趣的迁移,旧兴趣的消亡和新兴趣的产生。例如,通过对公开数据集 MovieLiens 的分析,发现用户的变化情况如图 3.1 所示。

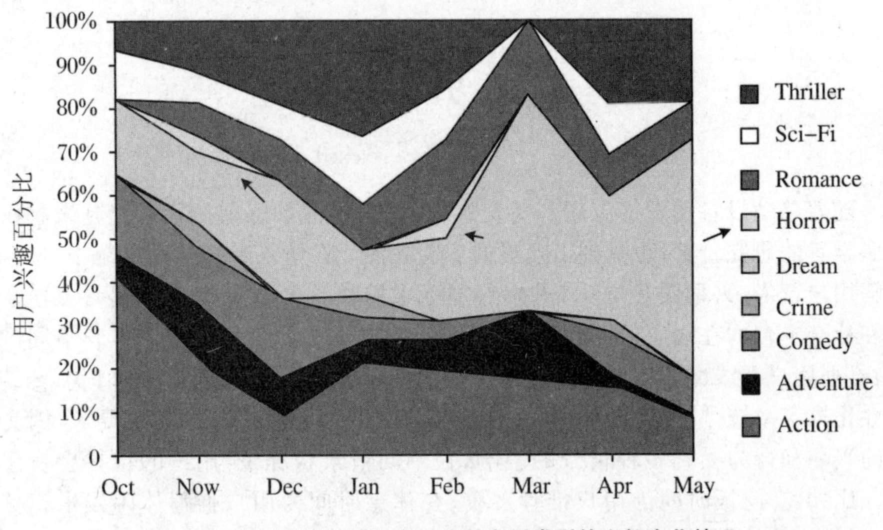

图 3.1 不同月份上某用户对观看电影类型的兴趣变化情况

横轴代表时间(月份),纵轴代表用户兴趣百分比。通过图 3.1 中标识的箭头不难发现,用户在三月之前对 Horror 类型的电影有一定的兴趣,但之后的 3 个月里,没发现任何关于观看 Horror 类型电影的记录,很明显在这段时间里用户兴趣发生了变化。

3.1.2 社会时序情景

人们对时下热点的关注,反映了社会时序情景①对用户的影响[115]。在不同的时段,流行的热点主题不同。出于好奇心,用户会在不同程度上关注和追踪热点主题。所以,社会时序情景必然对用户兴趣和行为产生影响。例如,2017 年 8 月 8 日 21 时 19 分四川九寨沟发生 7.0 级地震,在地震前后微博用户对相关主题关注如图 3.2 所示。横轴表示主题词,纵轴表示流行度。地震发生之前,人们在微博上关注

① 社会时序情景,本书指社会或整个推荐系统当前的热点主题。

主题相对稳定,地震发生后大量与地震相关的微博信息迅速传播,与地震相关的主题立刻上升为一个热点事件,得到大量用户的关注,在震后的1小时达到了顶峰,后来流行度逐渐下降。

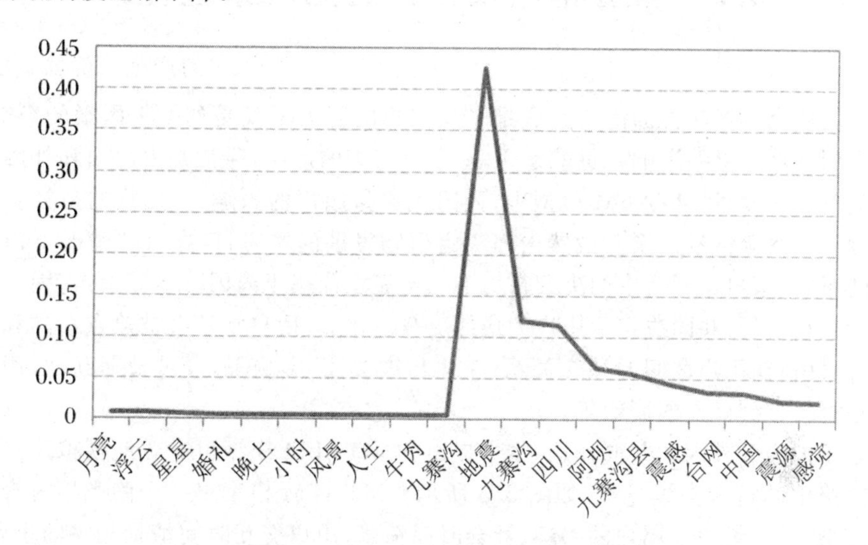

图3.2　九寨沟地震前后主题词变化趋势

3.1.3　用户交互时间情景

在社交网络中,用户之间的关注与被关注关系,形成了好友(偶像)与粉丝之间的关系。被关注者为好友,关注者成为粉丝。这种关系一方面体现了用户之间的社交特征,另一方面也体现了用户之间存在某种相似的兴趣偏好。用户之间经常会发生交互行为,如点赞、转发、评论等行为。随着时间的推移,用户间的交互行为也会发生变化。如用户A关注了用户B,B成为A的好友,A、B在一段时间内交互频繁,但过了一段时间后用户间的交互频率逐渐降低,甚至没有了交互行为。这其中可能是因为用户A的兴趣发生了偏移,A不再对用户B的信息感兴趣了。因此,由于交互时间情景的影响,用户的兴趣和行为可能发生改变。考虑用户交互时间情景下的项目推荐,更能体现和满足当前时刻用户的兴趣需求。

综上所述,本书针对情景感知推荐系统中的时间情景,在细分时间情景和对用户产生的影响的基础上,将用户兴趣时间情景、社会时序情景和用户交互时间情景看成三个情景维度,提出一个多维时间情景感知的项目推荐融合模型(Multiple-Dimension Time-Context-Aware Fusion Model for Item Recommendation,MTAFM),即在合适时间为目标用户推荐合适的项目。

3.2 推荐框架及用户行为决策过程

根据社会心理学方面的研究成果[126]，用户的行为不仅受到个人因素的影响，还会受到社会因素的影响。也就是说，一个人行为的产生，通常是由内因和外因共同产生的。本章的 MTAFM 模型中，内因主要指用户的兴趣，外因指的是社会热点和社交关系等情景因素。虽然内因决定事物发展的本质，但在有些情况下由于外因的影响，用户在网络中的决策行为不一定完全依赖于内因。实际上，内因和外因是相辅相成的，共同决定了用户的最终决策。比如，用户常常会被热点新闻和热点事件吸引；在用户之间的社交关系（关注与被关注）影响下，经过长期互动，用户的兴趣也会受到好友的影响等。

鉴于内因和外因的共同作用，本书提出的 MTAFM 模型可有效地模拟用户在社交网络中的行为决策过程，如图 3.3 所示。MTAFM 模型是一个隐类别融合概率化模型，同时考虑了用户的兴趣、社会时序情景、用户交互时间情景相关的主题，生成用户对项目的选择概率，最终根据用户项目选择概率生成 Top-k 推荐。该模型主要包括以下几个方面：① 用户兴趣的主题分布；② 社会时序情景的主题分布；③ 用户交互时间情景的主题分布；④ 三类情景对用户项目选择概率的混合权重。

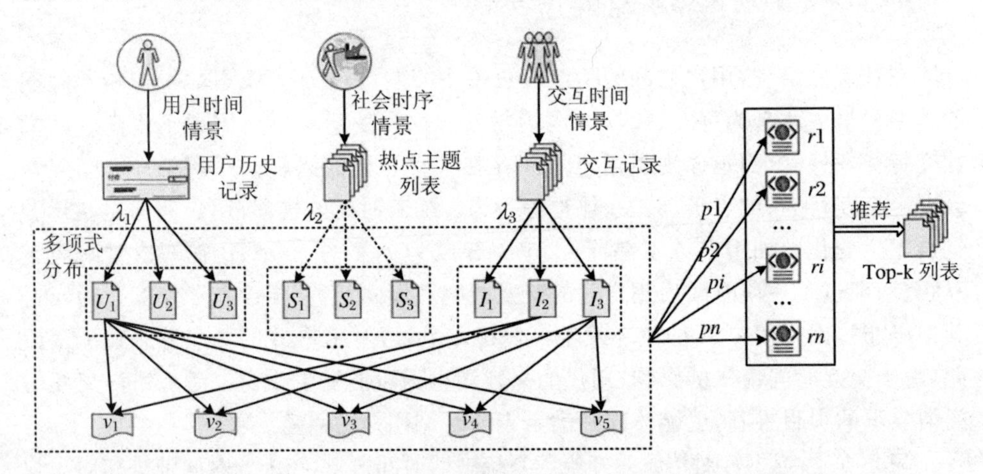

图 3.3 MTAFM 模型推荐框架

从图 3.3 中可以看出，三种时间情景即用户时间情景、社会时序情景和用户交互时间情景对应的记录生成了不同的主题分布 $D_1(U_1, U_2, U_3, \cdots)$、$D_2(S_1, S_2, S_3, \cdots)$ 和 $D_3(I_1, I_2, I_3, \cdots)$。假设某个用户 u 在某时刻对项目 v 产生阅读、点击、购买或观赏等行为，则在 MTAFM 模型中，该用户的选择行为的决策过程类似一个随机投掷三面骰子的过程：三面分别对应 D_1、D_2 和 D_3 分布，如果显示 D_1，则根据用户兴趣分布选择一个主题，该主题根据主题在项目上的分布生成一个项目 v；如果骰子显示 D_2 或 D_3，有类似的项目生成过程。

3.3　模型构建

本节主要探讨了多维时间情景感知下的相关模型构建过程，主要包括多维时间情景感知的用户模型和 MTAFM 模型。

3.3.1　多维时间情景感知的用户建模

本章主要考虑的三类时间情景分别为用户兴趣时间情景、社会时序情景和用户交互时间情景，由此建立情景化用户模型。

根据第 2 章所述的情景化用户建模框架 $F_{CUM}=(D,C,F,W,M)$，该框架为一个 5 元组。对于本章多维时间情景感知的项目推荐问题来说，首先可确定元素 C 情景集合即用户兴趣时间情景、社会时序情景和用户交时间情景；对于元素 F，本章已确定三类时间情景对所要解决的问题是有效的；三类时间情景的处理模式 W 为离散的时间片模式。所以，本小节的重点是对第五个元素 M，即用户模型进行讨论。为了更好地描述问题和建立相关模型，先给出相关定义和符号(如表 3.1 所示)。

定义 3.1　项目是一个广义概念，泛指系统中一个相对独立的资源，如新闻、微博、电影、音乐等。

定义 3.2　话题或主题是给定项目集合 $V=\{v_i \mid i=1,2,3,\cdots\}$，话题 z 是在项目集合上形成的一个多项式分布 ϕ_z，即 $\phi_z=\{p(v_i \mid \phi_z) \mid i=1,2,3,\cdots\}$。

定义 3.3　用户行为指用户 u 在特定时间 t 对项目所产生的动作(包括但不限于浏览、观赏、点击、评论、点赞等)的一种抽象，用一个四元组即 $B_u=(u,v,t,a)$表示，其中 u 表示用户，v 表示项目，t 表示时间，a 表示动作。

定义 3.4　系统中所有用户行为的全体称为用户行为体，记作 Ω，且$|\Omega|=K_U \times K_V \times K_T \times K_A$，其中，$K_U$、$K_V$、$K_T$ 和 K_A 分别表示用户数量、项目数量、时间片数量和用户交互行为数量。

定义 3.5　用户文档是在一个时间段内用户所有的行为所形成的集合，即 $D_u=\{B_u\}=\{(u,v,t,a)\}$。

定义 3.6　用户兴趣指给定某个时间段(片)t,对于用户 u,用户兴趣表示为一个在话题上的多项式分布,即 ϕ_u^t。

定义 3.7　社会时序情景指给定某个时间段(片)t,对应的社会时序情景为由当前热点话题形成的一个多项式分布,即 ϕ_S^t,相对系统来说是一个全局概念。

定义 3.8　用户交互时间情景指给定用户 u 和时间段(片),对应的用户交互时间情景为由与用户和好友之间交互相关的项目生成的一个多项式分布,即 ϕ_{uI}^t,是一个与用户 u 相关的局部概念。

基于以上定义,在情景化用户建模框架下,多维时间情景的用户模型 M 如式(3.1)所示:

$$M \xrightarrow{f} (\phi_u^t, \phi_S^t, \phi_{uI}^t) \tag{3.1}$$

M 本质上是由给定时刻 t 所在的时间片内,用户在兴趣、社会时序情景和用户交互情景上的多项式分布组成,也是在这三个分布上的一个映射。

表 3.1　MTAFM 模型相关的符号和含义

序号	符号	含　义
1	u, v, t	用户 u,项目 v,时间 t
2	z, x, y	分别表示用户兴趣相关话题 z、社会时序情景相关话题 x 和用户交互时间情景相关话题 y
3	K_U, K_V, K_T	用户数量、项目数量和时间片数量
4	K_u^V	用户 u 产生行为的项目数
5	Φ_u, K_1	根据历史记录生成的用户 u 的兴趣分布及话题数量
6	Φ_S, K_2	在社会时序情景下社会热点话题分布及话题数量
7	Φ_{uI}, K_3	用户交互情景产生的话题分布及话题数量
8	ϕ_{uz}	根据 Φ_u 生成话题 z 的概率
9	ϕ_{tx}	在时间 t 根据 Φ_S 生成话题 x 的概率
10	ϕ_{ty}	在时间 t 根据 Φ_{uI} 生成话题 y 的概率
11	Φ_z	与用户兴趣相关的话题 z 在项目上的分布
12	Φ_x	与社会时序情景相关的话题 x 在项目上的分布
13	Φ_y	与用户交互时间情景相关的话题 y 在项目上的分布
14	ϕ_{zv}	根据用户兴趣话题 z 生成项目 v 的概率
15	ϕ_{xz}	根据社会时序情景话题 x 生成项目 v 的概率
16	ϕ_{xz}	根据用户交互时间情景话题 y 生成项目 v 的概率
17	$\lambda_{u1}, \lambda_{u2}, \lambda_{u3}$	用户 u 相关的权重系数,$\lambda_{u1} + \lambda_{u2} + \lambda_{u3} = 1$

3.3.2　MTAFM 模型

正如前文分析，用户在社交网络平台上的每个行为是受到用户兴趣、社会热点和用户与好友之间交互的影响。本书将与这三类情景因素相关的话题进行了区分，因为它们有着不同的特征。用户兴趣相对稳定，对时间的反应不太强烈；社会热点变化快，具有很强的时序性；用户与好友之间的交互也就具有一定时间特征，经常交互的用户间，偏好会得到加强。因此，本书将它们进行了分离，并且为了能同时考虑它们对用户项目选择的影响，建立了 MTAFM 模型。在该模型中，假设给定时间 t，用户 u 对项目 v 产生行为的概率可通过下面的公式计算：

$$P(v \mid u,t,\Psi) = \lambda_{u1}P(v \mid \Phi_u) + \lambda_{u2}P(v \mid \Phi_S) + \lambda_{u3}P(v \mid \Phi_{uI})$$
$$\lambda_{u1} + \lambda_{u2} + \lambda_{u3} = 1 \qquad (3.2)$$

其中，Ψ 为模型参数集合，$P(v|\Phi_u)$表示根据用户 u 兴趣时间情景的话题分布，选择项目 v 的概率，$P(v|\Phi_S)$表示根据社会时序情景用户 u 选择项目 v 的概率，$P(v|\Phi_{uI})$表示根据用户交互时间情景生成项目 v 的概率。λ_{u1}、λ_{u2}以及 λ_{u3}为模型的混合权重参数，分别表示用户 u 在选择项目 v 时受自身兴趣、社会时序情景和好友的影响程度，也可以理解为受影响的概率。混合权重是一个动态参数，对于不同社交平台和不同用户存在差异，不能采用统一的权重分配值，需要通过用户历史记录学习才能确定。

公式(3.2)中，根据用户兴趣分布选择项目 v 的概率为$P(v|\Phi_u)$，其生成公式为

$$P(v \mid \Phi_u) = \sum_{z=1}^{K_1} P(v \mid z)P(z \mid \Phi_u) \qquad (3.3)$$

公式(3.2)中，根据社会时序情景选择项目 v 的概率为$P(v|\Phi_S)$，其生成公式为

$$P(v \mid \Phi_S) = \sum_{x=1}^{K_2} P(v \mid x)P(x \mid \Phi_S) \qquad (3.4)$$

公式(3.2)中，根据用户交互时间情景选择项目 v 的概率为$P(v|\Phi_{uI})$，其生成公式为

$$P(v \mid \Phi_{ui}) = \sum_{z=1}^{K_3} P(v \mid y)P(y \mid \Phi_{uI}) \qquad (3.5)$$

下面给一个示例说明根据 MTAFM 模型用户 u 选择项目 v 的过程。如图 3.4 所示，在三种时间情景影响下，用户兴趣权重为 0.58，社会时序情景权重为0.27，用户交互时间情景为 0.15，分别表示了用户受三种情景影响的概率。图 3.4 还表

明，三种情景对应的话题（假设话题数量均为3）分布$\{U_1,U_2,U_3\}$、$\{S_1,S_2,S_3\}$和$\{I_1,I_2,I_3\}$，响应的权重分别标识在对应的边上。不难看出，话题U_1占用户兴趣的主要地位，话题S_1受到广大用户的关注，话题I_1主导了用户与好友之间交流的主题。对于话题U_1，生成项目$v_1 \sim v_5$的概率分别标注在相应的边上。

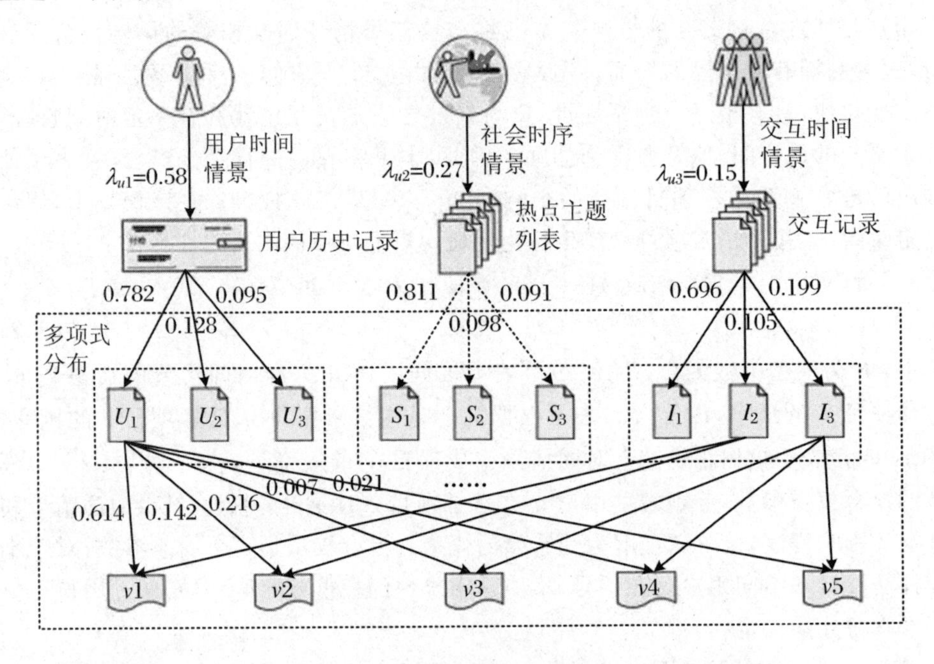

图3.4 MTAFM模型示例

3.4 MTAFM模型参数估计

3.4.1 模型训练原理

MTAFM模型是一个生成式模型，该类模型来源于概率化的潜语义分析模型PLSA[127]，如图3.5所示。PLSA是一种主题模型（Topic Model），主要是针对含有隐主题的问题的建模方法。其中，D和W是可观察的，而Z是不可观察的，通常就是一个隐类别（主题）。M表示所有文档的数量，N表示一篇文档中单词的数量。PLSA模型以概率$P(d_i)$选中文档d_i，以概率$P(z_k|d_i)$选中主题z_k，以概率$P(w_j|z_k)$产生一个词w_j。PLSA模型生成文档的整个过程实际上就是先以一定

的概率选定文档，再生成相关主题，最后确定相关的词，即由主题生成词。

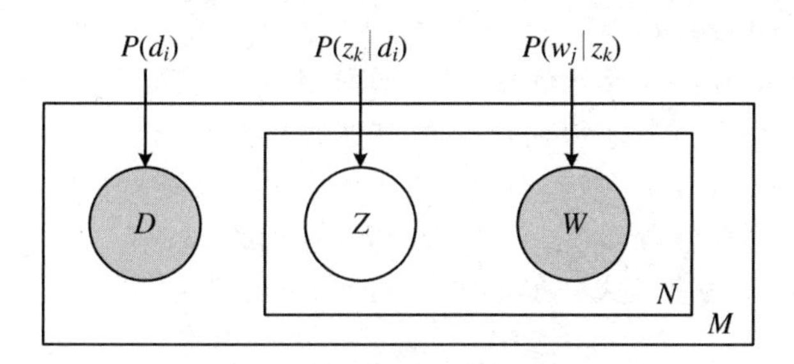

图 3.5 PLSA 模型示意图

本书借鉴 PLSA 模型原理，考虑用户兴趣时间情景、社会时序情景和用户交互时间情景，设计 MTAFM 模型，原理如图 3.6 所示。

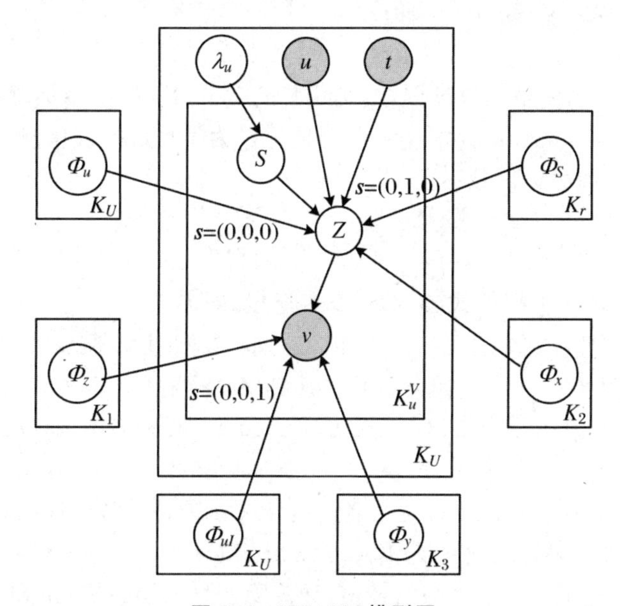

图 3.6 MTAFM 模型图

图 3.6 以概率图模型的方式呈现了 MTAFM 模型的生成过程，并引入了一个与项目相关的由 0 和 1 组成的隐向量 s 作为选择器，如式(3.6)，决定项目的生成方式，即项目可能由用户兴趣生成，可能由社会时序情景生成，还可能由用户交互情景生成。

$$s = \begin{cases} (1,0,0) \\ (0,1,0) \\ (0,0,1) \end{cases} \tag{3.6}$$

MTAFM 模型的生成过程如下：

1. 投掷三面骰子,采样隐向量 $\boldsymbol{s}$。

2. 如果 $\boldsymbol{s}=(1,0,0)$,

(a) 从用户兴趣多项式分布 Φ_u 中采样话题 z;

(b) 从用户话题 z 的多项式分布 Φ_z 中采样项目 v。

3. 如果 $\boldsymbol{s}=(0,1,0)$,

(a) 从社会时序情景多项式分布 Φ_S 中采样话题 x;

(b) 从话题 x 的多项式分布 Φ_x 中采样项目 v。

4. 否则,

(a) 从用户交互时间情景多项式分布 Φ_{uI} 中采样话题 y;

(b) 从话题 y 的多项式分布 Φ_y 中采样项目 v。

3.4.2 参数估计

基于 MTAFM 模型生成过程,给定用户行为体 Ω,在模型训练的过程中进行参数 $\Psi=(\Phi_u,\Phi_S,\Phi_{uI},\Phi_z,\Phi_x,\Phi_y,\lambda_u)$估计。为了更好地训练参数,定义如下对数似然函数形式的目标函数:

$$L(\Psi \mid \Omega)=\sum_{u=1}^{K_U}\sum_{v=1}^{K_V}\sum_{t=1}^{K_T}\sum_{a=1}^{K_A}\Omega[u,v,t,a] \mid \log P(v \mid u,t,\Psi) \tag{3.7}$$

其中,$P(v|u,t,\Psi)$根据公式(3.2)计算。所以,对参数 Ψ 的估计过程就是最大化目标函数 $L(\Psi \mid \Omega)$的过程。对目标函数的参数估计通常有极大似然估计(MLE)[128]、贝叶斯估计[129]、最大后验估计(MAP)[130]等。但本章的目标函数中含有隐变量,所以本书采用了 EM[131]算法(Expectation Maximization Algorithm),即期望最大化方法,主要包含 E 步和 M 步。在统计学中,EM 算法是在概率化(Probabilistic)模型中寻找参数最大似然估计或者最大后验估计的算法,其中概率模型依赖于无法观测的隐藏变量(Latent Variable)。

在 E 步中,利用现有参数的估计值,计算隐变量的期望值;在 M 步中利用 E 步计算得到的期望对参数进行最大似然估计;M 步将找到的最大似然估计的参数作为下一次 E 步迭代的现有参数值,重复这个过程,直到算法收敛。

本书在参数训练过程中,先在 E 步引入公式(3.8)所示的三种情景下的后验概率分布 $P(\boldsymbol{s}|u,v,t;\hat{\Psi})$,$\boldsymbol{s}$ 根据公式(3.6)取不同值代表不同的情景下的后验概率,即用户行为 $B_u=(u,v,t,a)$由用户兴趣产生的概率、由社会时序情景产生的概率和由用户交互时间情景产生的概率。

$$P(\boldsymbol{s} \mid u,v,t;\hat{\Psi})=\frac{\boldsymbol{s}\cdot(\lambda_{u1}P(v \mid \Phi_u),\lambda_{u2}P(v \mid \Phi_S),\lambda_{u3}P(v \mid \Phi_{uI}))^{\mathrm{T}}}{\lambda_{u1}P(v \mid \Phi_u)+\lambda_{u2}P(v \mid \Phi_S)+\lambda_{u3}P(v \mid \Phi_{uI})} \tag{3.8}$$

由于模型中存在隐变量,需要对其中相关的模型参数进行更新,包括三组,即 $P(z|\Phi_u)$和 $P(v|\Phi_z)$、$P(x|\Phi_S)$和 $P(v|\Phi_x)$、$P(y|\Phi_{uI})$和 $P(v|\Phi_y)$。为了更新这些模型参数,需要再引入对应的三个后验概率分布:

$$P(z \mid s = (1,0,0), u, v, t; \hat{\Psi}) = \frac{P(v \mid \Phi_z) P(z \mid \Phi_u)}{\sum_{z'=1}^{K_1} P(v \mid \Phi_{z'}) P(z' \mid \Phi_u)} \tag{3.9}$$

$$P(x \mid s = (0,1,0), u, v, t; \hat{\Psi}) = \frac{P(v \mid \Phi_x) P(x \mid \Phi_S)}{\sum_{x'=1}^{K_2} P(v \mid \Phi_{x'}) P(x' \mid \Phi_S)} \tag{3.10}$$

$$P(y \mid s = (0,0,1), u, v, t; \hat{\Psi}) = \frac{P(v \mid \Phi_y) P(y \mid \Phi_{uI})}{\sum_{y'=1}^{K_3} P(v \mid \Phi_{y'}) P(y' \mid \Phi_{uI})} \tag{3.11}$$

然后在 M 步,通过最大化 Q 函数[132],不断对参数进行更新:

$$\begin{aligned} Q(\Psi \mid \hat{\Psi}) = & \sum_{u=1}^{K_U} \sum_{v=1}^{K_V} \sum_{t=1}^{K_T} \sum_{a=1}^{K_A} \Omega[u,v,t,a] \{ P(s = (1,0,0) \mid u,v,t;\hat{\Psi}) \\ & \cdot \sum_{z=1}^{K_1} P(z \mid s = (1,0,0), u,v,t;\hat{\Psi}) \log[\lambda_{u1} P(v \mid \Phi_z) P(z \mid \Phi_u)] \\ & + P(s = (0,1,0) \mid u,v,t;\hat{\Psi}) \sum_{x=1}^{K_2} P(x \mid s = (0,1,0), u,v,t;\hat{\Psi}) \\ & \cdot \log[\lambda_{u2} P(v \mid \Phi_x) P(x \mid \Phi_S)] + P(s = (0,0,1) \mid u,v,t;\hat{\Psi}) \\ & \cdot \sum_{y=1}^{K_3} P(y \mid s = (0,0,1), u,v,t;\hat{\Psi}) \log[\lambda_{u3} P(v \mid \Phi_y) P(y \mid \Phi_{uI})] \} \end{aligned} \tag{3.12}$$

在 M 步中,当 Q 函数达到最大值时,更新如下参数:

$$P(z \mid \Phi_u) = \frac{\sum_{v=1}^{K_V} \sum_{t=1}^{K_T} \sum_{a=1}^{K_A} \Omega[u,v,t,a] P(z \mid u,v,t;\hat{\Psi})}{\sum_{z'=1}^{K_1} \sum_{v=1}^{K_V} \sum_{t=1}^{K_T} \sum_{a=1}^{K_A} \Omega[u,v,t,a] P(z' \mid u,v,t;\hat{\Psi})} \tag{3.13}$$

$$P(v \mid \Phi_z) = \frac{\sum_{t=1}^{K_T} \sum_{u=1}^{K_U} \sum_{a=1}^{K_A} \Omega[u,v,t,a] P(z \mid u,v,t;\hat{\Psi})}{\sum_{v'=1}^{K_V} \sum_{t=1}^{K_T} \sum_{u=1}^{K_U} \sum_{a=1}^{K_A} \Omega[u,v,t,a] P(z \mid u,v',t;\hat{\Psi})} \tag{3.14}$$

$$P(x \mid \Phi_S) = \frac{\sum_{v=1}^{K_V}\sum_{t=1}^{K_T}\sum_{a=1}^{K_A}\Omega[u,v,t,a]P(x \mid u,v,t;\hat{\Psi})}{\sum_{x'=1}^{K_1}\sum_{v=1}^{K_V}\sum_{t=1}^{K_T}\sum_{a=1}^{K_A}\Omega[u,v,t,a]P(x' \mid u,v,t;\hat{\Psi})} \tag{3.15}$$

$$P(v \mid \Phi_x) = \frac{\sum_{t=1}^{K_T}\sum_{u=1}^{K_U}\sum_{a=1}^{K_A}\Omega[u,v,t,a]P(x \mid u,v,t;\hat{\Psi})}{\sum_{v'=1}^{K_V}\sum_{t=1}^{K_T}\sum_{u=1}^{K_U}\sum_{a=1}^{K_A}\Omega[u,v,t,a]P(x \mid u,v',t;\hat{\Psi})} \tag{3.16}$$

$$P(y \mid \Phi_{uI}) = \frac{\sum_{v=1}^{K_V}\sum_{t=1}^{K_T}\sum_{a=1}^{K_A}\Omega[u,v,t,a]P(y \mid u,v,t;\hat{\Psi})}{\sum_{y'=1}^{K_1}\sum_{v=1}^{K_V}\sum_{t=1}^{K_T}\sum_{a=1}^{K_A}\Omega[u,v,t,a]P(y' \mid u,v,t;\hat{\Psi})} \tag{3.17}$$

$$P(v \mid \Phi_y) = \frac{\sum_{t=1}^{K_T}\sum_{u=1}^{K_U}\sum_{a=1}^{K_A}\Omega[u,v,t,a]P(y \mid u,v,t;\hat{\Psi})}{\sum_{v'=1}^{K_V}\sum_{t=1}^{K_T}\sum_{u=1}^{K_U}\sum_{a=1}^{K_A}\Omega[u,v,t,a]P(y \mid u,v',t;\hat{\Psi})} \tag{3.18}$$

这些参数 $P(z|\Phi_u)$和 $P(v|\Phi_z)$、$P(x|\Phi_S)$和 $P(v|\Phi_x)$、$P(y|\Phi_{uI})$和 $P(v|\Phi_y)$将作为新一轮 E 步计算的参数，反复按照这个过程迭代，直到模型收敛为止。当然，在一开始进入训练时，随机地设定模型参数 Ψ 的值。为使模型在不同社交网络平台和对不同用户具有很好的适应能力，在 M 步，还要同时对参数(λ_{u1}, λ_{u2}, λ_{u3})进行估计，如下所示：

$$\lambda_{u1} = \frac{\sum_{t=1}^{K_T}\sum_{u=1}^{K_u^V}\sum_{a=1}^{K_A}\Omega[u,v,t,a]P(s = (1,0,0) \mid u,v,t;\hat{\Psi})}{\sum_{v=1}^{K_u^V}\sum_{t=1}^{K_T}\sum_{a=1}^{K_A}\left\{\Omega[u,v,t,a]\sum P(s \mid u,v,t;\hat{\Psi})\right\}} \tag{3.19}$$

$$\lambda_{u2} = \frac{\sum_{t=1}^{K_T}\sum_{u=1}^{K_u^V}\sum_{a=1}^{K_A}\Omega[u,v,t,a]P(s = (0,1,0) \mid u,v,t;\hat{\Psi})}{\sum_{v=1}^{K_u^V}\sum_{t=1}^{K_T}\sum_{a=1}^{K_A}\left\{\Omega[u,v,t,a]\sum P(s \mid u,v,t;\hat{\Psi})\right\}} \tag{3.20}$$

$$\lambda_{u3} = 1 - \lambda_{u1} - \lambda_{u2} \tag{3.21}$$

通过设置参数初始值，进行训练可以对模型参数 Ψ 进行训练，但仍然还要手动设置几个超参数，即用户兴趣话题数量 K_1、社会时序情景话题数量 K_2、用户交互时间情景话题数量 K_3、时间片的数量 K_T以及 EM 算法的最大迭代次数。通常情况下，对于不同类型的推荐项目 K_1、K_2和 K_3存在一些差异，可以参考的原则是：根据不同的社交网络平台，总体估计用户对三种情景的敏感性大小，设置相对值。如在用户兴趣占主导地位的社交网络（如科学合作研究网络）K_1 的值可设置稍大些等。

3.5　MTAFM 模型的 Top-k 推荐

MTAFM 作为概率生成模型，充分考虑三种时间情景因素对用户选中项目概率的影响，将合适的项目在合适的时间推荐给合适的用户。MTAFM 模型训练好后，可得到相关的参数，即可用于项目推荐。在给定时间 t 下，可以根据公式(3.2)计算用户对候选项目的选择概率，按概率降序产生 Top-k 推荐列表。

3.6　实验验证

本节主要讨论实验验证过程和结果，将在具体数据集上验证 MTAFM 模型和基于 MTAFM 模型的推荐效果。本章实验的设计思路为：先在选定的数据集上进行推荐精度测试，验证 MTAFM 模型效果是否优于对比方法；然后再测试超参数的不同取值对 MTAFM 模型的影响。

3.6.1　实验数据集

本书在两个数据集上进行了一系列相关实验：MovieLens 和 Digg。这两个数据集来自不同的推荐领域，且推荐的项目不同。实验数据集如下描述：

1. MovieLens

该数据集有多个版本，本书选取的是 10M 评分的数据集。MovieLens 数据集是推荐领域里的公开数据集，专门用于科学研究。另外，由于该数据集中没有社交关系，所以为了验证 MTAFM 模型，在数据集上增加了模拟的社交关系，形成一个合成的数据集。增加社交关系的方法是：根据用户之间的相似度选择不超过 Top-10 的用户作为用户的好友，形成社交关系，如果用户与其好友对同一电影进行了评分，则认为发生了交互。

2. Digg

这是从 Digg（掘客）网站收集的一个公开数据集[133]，有 139409 个用户、3553 篇新闻，挖掘数为 3018197，时间跨度为 2009 年到 2010 年。Digg 网站是一个社交新闻站点，由一个名叫凯文·罗斯的美国人在2004年创办，该网站上的内容由用户自己产生，对每个用户的文章内容其他用户可以进行评价（投票），如果用户觉得文章内容很好，就可以挖掘一下。

3.6.2 评价方法

本章选取了信息检索领域（Information Retrieval，IR）里两个经典评价指标，即推荐精度指标Precision@k[202]和列表质量指标NDCG@k[203]，度量Top-k推荐列表。测试过程中，将数据集的80%归为训练集，20%归为测试集。两个评价指标如下：

$$\text{Precision@}k = \frac{\# hits}{k} \tag{3.22}$$

$$\text{NDCG@}k = \frac{1}{Z}\sum_{i=1}^{k}\frac{2^{x_i}-1}{\log(i+1)} \tag{3.23}$$

其中，$\# hits$为推荐列表中命中项目的数量，k为推荐数量，Z是一个规范化因子[205]，x_i是推荐项目在位置i的标识。如果目标用户接受了所推荐的项目，则$x_i=1$，否则$x_i=0$。这两个指标值越大，则推荐效果越好。

3.6.3 对比方法

本书提出的多维时间情景感知的项目推荐模型MTAFM，既考虑用户自身兴趣，又考虑了时间情景因素的影响。所以，本章选取了与之相关的三个方法进行比较。第一个是基于用户话题的模型UTM（User Topic Model，UTM）[134]，该模型中用户兴趣生成了用户相关话题，但未考虑时间情景的影响，其话题选择概率模型如公式(3.24)所示；第二个是考虑了时序情景的TTM（Time Topic Model，TTM）模型，但未考虑用户兴趣。该模型认为，用户选择项目的行为是根据社会时序情景所产生的，而忽略了用自身的兴趣偏好，其话题选择概率如公式(3.25)所示；第三个为考虑时间情景的张量分解模型BPTFM（Bayesian Probabilistic Tensor Factorization Model，BPTFM）[69]，该模型的基础是矩阵因子分解理论，融入时间维度，将用户、项目和时间片分别使用一个向量表示，用户对项目的评分最终由这三个向量的乘积值表示。

$$P(v \mid u;\Psi) = \lambda_B P(\theta_B) + (1-\lambda_B)\sum_z P(z \mid \theta_u)P(v \mid \Phi_z) \tag{3.24}$$

其中，θ_B为起平滑作用的背景模型。

$$P(v \mid t;\Psi) = \lambda_B P(\theta_B) + (1-\lambda_B)\sum_x P(z \mid \theta'_t)P(v \mid \Phi'_x) \tag{3.25}$$

以上两个对比方法虽然与本章模型 MTAFM 不同，分别从用户兴趣和社会时序情景进行建模，但作为 MTAFM 模型的验证仍然具有很好的对比价值。

3.6.4　实验结果

图 3.7 至图 3.10 展示了本章提出的 MTAFM 模型和其他三种模型在 Digg 数据集和 MovieLens 数据集上实验对比结果，对比指标为推荐精度 Precision@k 和列表质量 NDDG@k。

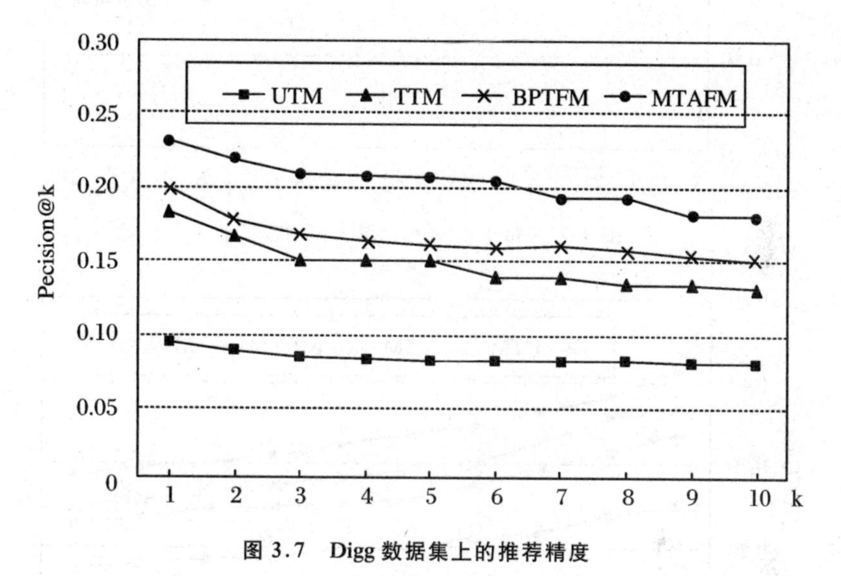

图 3.7　Digg 数据集上的推荐精度

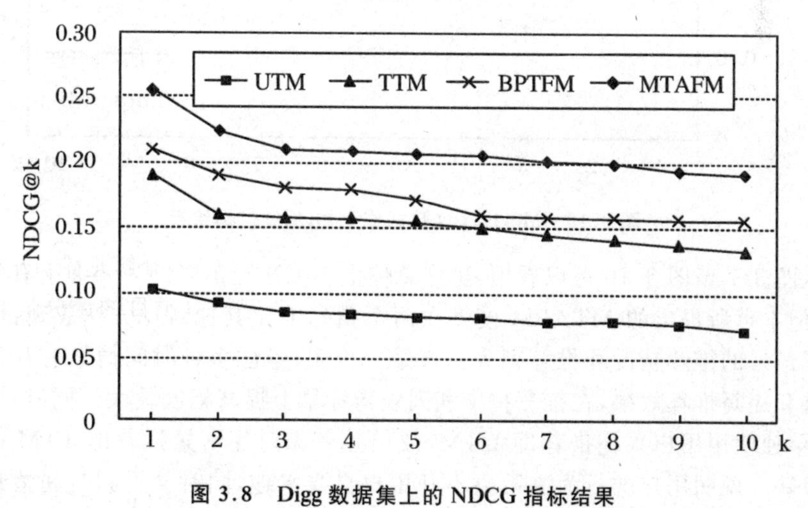

图 3.8　Digg 数据集上的 NDCG 指标结果

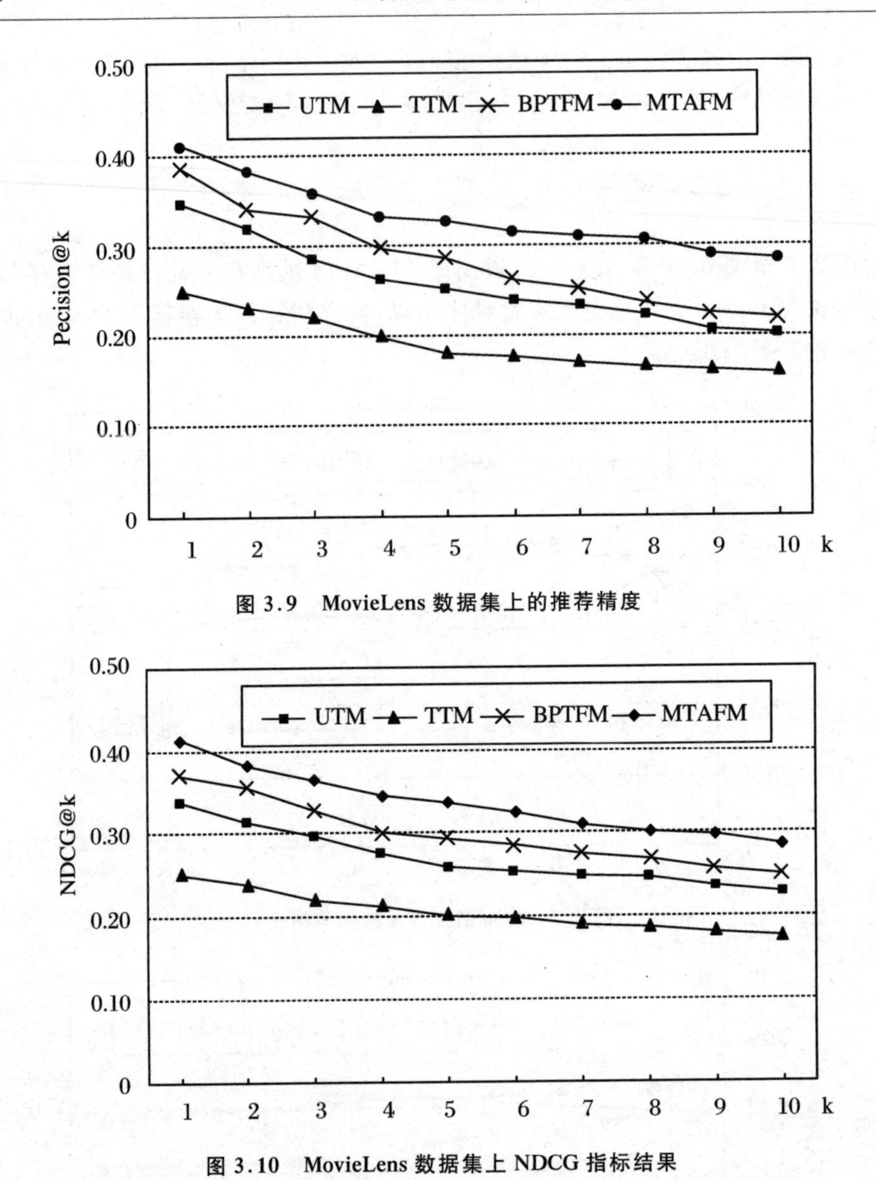

图 3.9　MovieLens 数据集上的推荐精度

图 3.10　MovieLens 数据集上 NDCG 指标结果

从图 3.7 至图 3.10 可以看出，虽然总体上各方法在不同的 Top-k 上有类似的趋势，但本章所提出的 MTAFM 模型在两个指标上比其他对比方法表现得都好，获得了最好的推荐精度和推荐列表。该结果表明，考虑多种时间情景有利于进一步改善和提高推荐效果，在推荐精度和列表指标量上提高幅度较大。同时，还可以看成，单独使用用户兴趣推荐即 UTM，或单独考虑时序情景推荐即 TTM 都有一定的欠缺。说明用户的行为决策离不开用户自身兴趣，同时又受到时间情景的影响。BPTFM 方法推荐效果较好，仅次于本章所介绍的 MTAFM 模型的方法。因为 BPTFM 方法同时考虑用户兴趣和时间情景维度,因而效果较好,但其仅考虑了一种时间情景即系统时间情景,所以效果要差于本章的 MTAFM 模型的方法。另外,还可以发现,UTM 和 TTM 模型在两个数据集上表现正好相反,Digg 数据集上 TTM 模型表现优于 UTM 模型,这是由于 Digg 数据集上项目主要是新闻资讯类信息,对时间比较敏感;而在 MovieLens 上项目是电影,生命周期较长,用户行为主要由其自身兴趣驱动。

3.6.5　话题数量的影响分析

MTAFM 模型中话题数量是超参数,需要经过多次实验进行确定,本书在前面实验的基础上以 Top-10 来验证话题数量对推荐性能的影响。话题数量相关超参数有三个,即用户兴趣话题数量 K_1、社会时序情景话题数量 K_2、用户交互时间情景话题数量 K_3。为方便起见,本章将 K_1 和 K_3 的数量设置相同,固定 K_2 值为三种情况即 20、40 和 60,形成 MTAFM-20、MTAFM-40 和 MTAFM-60。也就是在固定 K_2 值,不断增加 K_1 和 K_3 值的情况下,观察 MTAFM-20、MTAFM-40 和 MTAFM-60 在 NDCG 指标下的推荐效果,如图 3.11 所示。

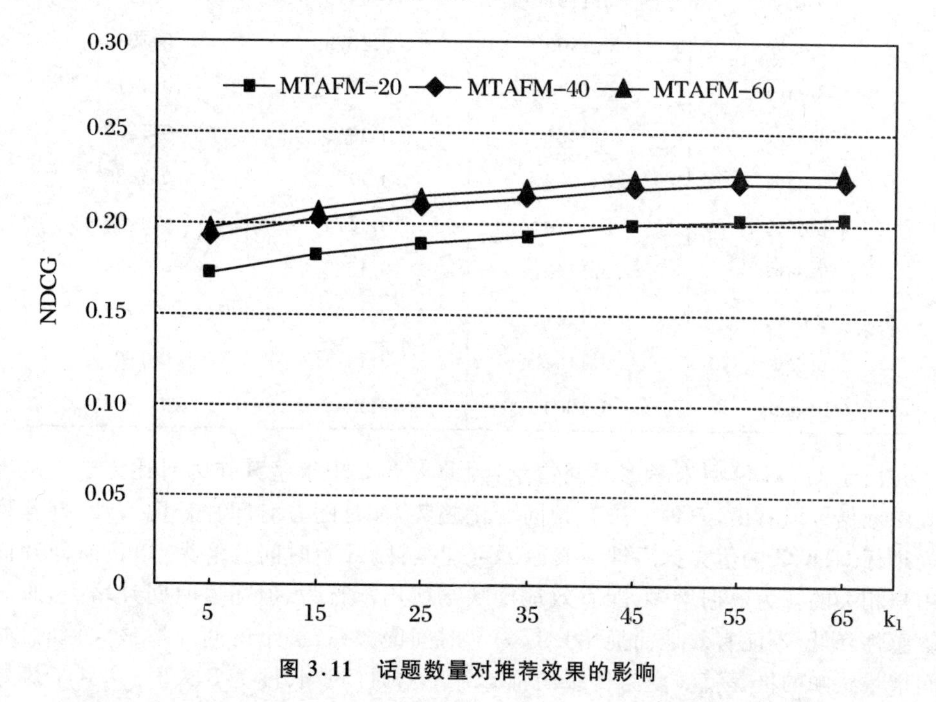

图 3.11　话题数量对推荐效果的影响

从图 3.11 中可以看出,随着 K_1 值的增加,NDCG 的值小幅提高,推荐列表的质量越来越好,当 K_1 和 K_3 的值增加到 45 以后,推荐列表质量变化微乎其微,基本达到最佳值。MTAFM-20、MTAFM-40 和 MTAFM-60 三种情况下，具有相同趋势，且 MTAFM-40 和 MTAFM-60 要优于 MTAFM-20，MTAFM-40 和 MTAFM-60 非常接近。

3.6.6 时间片长度的影响分析

MTAFM 模型中另外一个超参数时间片的数量 K_T 对推荐效果的好坏有重要影响，对一个具体数据集来说，K_T 的值随时间片的长度而变化。K_T 值越大，意味着时间片长度越小，时间粒度越细，难以准确反映用户行为；K_T 值过小，时间片的长度就会过大，时间特征信息不能很好地体现。所以，可以通过改变时间片的长度来分析其对推荐效果的影响，选择合适的时间片长度，进而确定时间片数量 K_T。在本实验中，Digg 数据集对时间比较敏感，将其作为分析对象，并取 NDCG@5 指标作为分析依据，其实验结果如表 3.2 所示。

表 3.2 时间片长度的实验结果

Time slice length	TTM	MTAFM	BPTFM
1 day	0.1191	0.1473	0.1257
2 days	0.1405	0.1879	0.1538
3 days	0.1542	0.2069	0.1714
4 days	0.1451	0.1945	0.1609
5 days	0.1299	0.1739	0.1435
6 days	0.1178	0.1574	0.1292
7 days	0.1148	0.1533	0.1259
8 days	0.1117	0.1491	0.1227
9 days	0.1102	0.1471	0.1206
10 days	0.1084	0.1449	0.1193

由于 UTM 模型未考虑时间情景，因此表 3.2 中未将其作为对比方法。从该表中数据可以看出，三种方法有相同变化趋势，都是随着时间片长度增加，推荐列表指标 NDCG 的值先扬后抑。其原因可能是：刚开始时间片增大，单位时间片内用户相关的行为数据增多，能有效地反映当前用户行为；但随着时间片增大，时间敏感性降低，不能有效地捕捉用户行为与时间的关系，甚至时间片取最大值时，时间情景感知的推荐就演变为传统的推荐了。当时间片长度为 3 天时，达到了最好的性能，这可能是由于在该数据集上时间片长度达到一个平衡点。但无论怎样，本章的 MTAFM 模型要优于其他两个模型。

第4章 多源情景感知与融合的好友推荐

4.1 引 言

近年来,社交网络获得了巨大的成功应用,并得到广泛的研究[136]。然而,社交网络中每天都产生着大量的信息,出现很多新的用户,以至于人们在查询信息和找寻志趣相投的好友时,容易产生"迷失感"。因此,推荐技术在这个方面起着非常重要的作用[3,142],可以解决与其相关的问题,并且可增强用户在社交网络中的体验。社会化推荐(社交网络中的个性化推荐)技术充分利用了社交情景信息,如好友关系、用户交互、用户影响力和信任关系,提高了推荐效果[57,144-145]。社会化推荐包括项目推荐(如推荐新闻信息、主题资讯、图片以及视频等)和好友推荐(即发现或找寻与用户兴趣相似或志趣相投的好友),本章主要研究好友推荐问题。

社交网络中,预测缺失链接或未来可能存在的潜在链接是非常有价值的,对应的是发现潜在好友也称好友推荐,这是一个有趣的研究课题。好友推荐就是挖掘用户之间缺失链接关系或未来潜在的链接关系[146]。好友推荐不仅可以提高用户之间的连接性,还可以提高用户对社交平台的忠诚度。虽然它类似于复杂网络中的链接预测,但是它还具有一些特定的特征[147],同时还受到其他很多情景信息的影响。社交网络不像是传统的复杂网络,它是一个异质网络,用户之间有很多具有社交特征的节点以及大量的交互关系。其中,体现社交情景和用户交互情景的关注与被关注和交互行为(如评论、转发等)表达了用户间的相关性。随着用户偏好的不同,每种关系的作用也不一样。在社交网络中,共享相同或类似的特征和兴趣偏好的用户之间在很多方面具有很高的相似性和相关性。因此,它们可以转换成用户之间的连接相关性,直接导致用户之间朋友关系的形成。俗话说"物以类聚,人以群分"。结果就是,社交网络中的用户更有可能与其具有更大相关性的用户成为好友,因为他们具有相似的兴趣偏好,其相关性更大。

在好友推荐中,大多数研究者主要使用了单个或很少的情景信息源,如好友关系[148]、用户概况[149]以及信任关系[25,57,145,180]。但是社交网络中用户之间成为好友受到很多因素影响,包括用户个性特征、网络结构、社交关系以及用户间的交互等。在好友推荐中,这些特征很少单独使用,通常与其他信息(如好友关系等)一起组合使用[149-151]。社交网络是一个动态复杂网络,其结构不断变化,体现了网络结构动态变化的特征情景。其中,网络节点间基于度的影响力分析经常用于好友推荐。然而,现有的方法如类似于 PageRank 算法等比较耗时[167],并且影响力计算并没有真正地体现用户间的影响力。对于社交情景和用户交互情景,主要用来提取信任信息,并广泛应用于好友推荐[25,181]。尽管如此,在传统的推荐中,仍然存在一些具有挑战性的问题,如仅用二元关系数据 0 和 1 表示信任、信任关系传递层数少、未充分考虑交互行为等。除此之外,研究者还发现二元关系度量信任信息是不合理的。为了避免这个问题,部分学者使用了本体和模糊语义模型[152]来建立非二元关系的信任度量方法。但是这种方法仍然不适合本书的研究工作。这是因为本书所用的方法不仅使用了好友关系(社交情景)而且还利用了用户间的交互行为(用户交互情景)。当然。目前有部分研究将社交情景与其他信息组合过,如在 Instagram[153]中组合了评论相似度、标签相似度等进行好友推荐。不过,它忽略了一些重要的情景信息如位置情景等,没有体现不同关系之间的相互作用。而且,现有的这些好友推荐方法缺少融合多种关键因素的策略和方法。

为了解决这些具有挑战性的研究问题,根据以上三个方面的多种情景信息源,本书提出了一个多源情景感知与融合的、可扩展的好友推荐框架。首先,深入研究和分析了影响用户选择好友的重要情景源;然后,提出了一个新的、统一的、基于 D-S 证据理论融合算法的好友推荐框架。其中,综合考虑了各种期望的情景信息源及其相关的基础概率分配函数 BPA。在融合多种情景信息源的基础上,用户间最终相关性作为 Top-k 推荐的依据生成好友推荐列表;最后,在真实的腾讯微博数据集上进行了实验,结果表明本书的方法相对传统的好友推荐方法,在精度、召回率、NDGG、MRR 和 MAP 等评价指标上具有更好的推荐效果。实验还验证了在社交网络中多源情景信息融合对于好友推荐的重要性和必要性。本章主要贡献有以下几个方面:

(1) 提出了一个基于 D-S 证据理论的可扩展的好友推荐框架,该框架不受证据数量的影响。

(2) 为了更好地提高推荐性能,利用证据的重要度和可靠度优化了 D-S 证据理论。

(3) 改进了用户之间多个相关性指标量化度量方法,包括影响力、直接信任度和间接信任度。

(4) 在腾讯微博社交网络中一个真实数据集上进行了一系列的实验,验证了好友推荐中多源情景信息融合的有效性。本章的方法既可推荐“熟人”好友又可推荐志趣相投的好友。

本章安排如下，首先在4.2节评论了相关工作研究现状，然后在4.3节和4.4节提出了好友推荐问题并进行了形式化描述。在4.5节利用基于多源情景信息的原始D-S证据理论和改进的D-S证据融合理论，提出统一的可扩展的好友推荐框架。4.6节给出了详细的实验过程和实验结果，并在4.7节给出了相关讨论。最后，对本章进行了小结。

4.2 相关工作

近年来，社交网络中的社会化推荐吸引了很多研究者关注。好友推荐作为其中一个重要的研究内容，重点利用不同情景信息源如用户兴趣和朋友关系等为用户找到一些新的、潜在的好友。本节将从利用情景信息进行好友推荐的三个方面评述相关工作，即从用户特征、网络结构和反映用户间好友关系的信任论述好友推荐的研究现状。

4.2.1 基于用户特征的好友推荐

用户作为社交网络中的重要对象具有很多特征，如包括在用户概况中的人口统计特征，可以用于为目标用户推荐好友。用户特征通常和用户的其他信息，如用户兴趣、共同邻居等组合进行推荐。早期，Pazzani M J等[150]利用用户人口统计信息包括年龄、性别、教育背景等识别用户类型。Said A等[151]对使用不同人口统计特征信息如年龄、出生地和性别等进行推荐的结果做了比较。在协同过滤推荐中，这些特征被用来选择高质量的近邻，相关实验结果表明人口统计特征信息对推荐有积极的作用。

Tang等[25]在微博场景下提出利用用户兴趣、交互行为和用户特征（如昵称、性别和位置）进行组合，计算组合相似度为目标用户推荐好友。同时考虑用户特征相似性和用户间的紧密度，Agarwal等[149]利用遗传算法对用户的性别、家庭地址、宗教、教育状态等进行了学习，提出了社交网络中的协同过滤好友推荐方法。他们在人工合成数据集上进行了实验，结果表明同时考虑用户特征和交互行为在好友推荐中的有效性。Zhang等[154]介绍了一个基于用户多特征的全概率模型的好友推荐系统，利用用户社交情景（即好友及好友的好友信息）计算用户特征概率。他们的研究结果发现，总体上，基于用户特征的方法相对于包括共同邻居、Adamic/

Adar、杰卡德系数等其他方法执行效果要好,尤其是在用户好友数量不超过100时效果更好。

根据现有研究,虽然用户之间成为好友,相似用户特征并不一定是必不可少的,但用户特征对好友推荐具有积极促进作用。由于获得用户全部特征相对困难,本书在使用用户特征时,增加了一个可靠性系数作为用户特征与其他情景信息源融合的协调因子。

4.2.2 基于网络结构的好友推荐

社交网络中的好友推荐本质上可看成是链接预测问题,如参考文献[168]中通过网络结构估计两个目前没有链接(未来可能存在链接)的节点间连接的可能性。复杂网络中链接预测得到了较好的研究[168-171]。对于很多网络,如生物学上的蛋白质网络、食物链网络、科学合作网络和社交网络等,检测网络链接非常重要。但盲目地去检查每个链接或遍历每种可能性的链接是不现实的,在纯复杂网络研究中,主要利用网络结构特征(如度和路径等)信息预测链接。其主流方法分为三类[168],即基于相似度的算法、最大似然方法和基于概率的关系模式方法。这些方法为社交网络中的好友推荐提供了一些参考。社交网络好友推荐中,利用网络结构的方法也称为基于图的方法,主要包括基于度的方法和基于路径的方法。

FoF[86]是早期应用相对广泛的基于度的方法,认为两个用户共享很多共同好友,则他们在未来更有可能成为好友,如脸谱网(Facebook)的好友推荐"people you may know"使用了类似的方法[154]。基于杰卡德系数的方法和AA方法[148]是两个典型的FoF变异方法,利用共同好友的数量估计用户间的相似度。在社交网络中,Liben-Nowell D等[172]最早讨论了基于度的好友推荐方法。另外,度信息还与其他信息,如用户兴趣[25,173]、内容扩散[174]等组合进行好友推荐。

基于路径的方法在进行链接预测时,主要是最大可能性地找到目标用户与潜在用户之间的最短路径,类似于Pagerank算法[175]。随机游走方法是其中一个代表性方法,利用了社交网络局部或全局网络结构特征建立马尔可夫模型,计算链接矩阵的稳态概率进行好友推荐[171,176-177]。随机游走方法显示出了相对较好的效果[171,177],尤其是局部随机游走方法[171]。通常情况下,随机游走方法比较耗时,局部随机游走方法如LRW和SRW[171]通过牺牲一些精度在一定程度上克服了这个缺点。然而,LRW和SRW局部随机游走方法还有一些问题需要解决,如游走步骤的数量和叠加次数等。

综上所述,与网络结构相关的信息对于好友推荐来说非常重要,但是仅依赖网络结构信息还是不够,需要与其他信息进行组合。

4.2.3　基于社交信任的好友推荐

在日常生活中,当人们购买物品和旅行时,总习惯向好友求助一些相关建议。这实际上表明了用户对好友的一种信任,社交网络也是如此。目前,社交网络中的一些重要特征包括好友关系[180]和用户交互行为[181-182]被用来进行基于信任的好友推荐。也就是说,基于信任的好友推荐利用了好友关系和用户交互信息。在早期的很多研究中,信任信息主要用于缓解用户项目矩阵中的稀疏度和增强近邻计算[183-184],而很少用于好友推荐。由于没有显式的信任信息,部分研究者通过用户间的评分差异模拟计算信任度,描述了信任的传播,并与其他用户特征信息结合,为目标用户生成好友推荐。Ma Y 等[185]利用用户间的好友关系定义了一个无权信任网络,根据直接好友数量等量地计算该用户与每个好友间的信任值。他们利用信任信息进行社区发现,并与用户兴趣结合产生了高质量的好友推荐。Agarwal V 等[186]认为信任是一种建立在共同历史行为基础上一个人对另外一个人未来行为的主观期望,影响了用户的好友选择,并用实验证明了该观点。

根据现有研究,信任信息有利于提高好友推荐效果,然而大多数研究都只考虑了信任度量的二元形式,即0和1,0代表不信任,1代表信任。而在实际中,信任是一个模糊的概念,其值介于0和1之间,绝对的不信任和信任很少,类似于Victor P[187]提出的"渐变"信任。现有基于信任的好友推荐方法主要依赖于好友关系及信任传播,而本书的研究还进一步验证了信任信息与其他信息如用户兴趣、交互行为和影响力等组合可获得更好的推荐效果。

4.3　问题分析及研究动机

最近,利用不同情景信息源进行好友推荐研究取得了一些显著的成效。但是更多的是关注单个情景信息源或少数几个情景信息源的线性组合[25]。事实上,用户间成为好友是非常复杂的,受到很多因素的影响,如用户概况、兴趣、交互行为、位置、社交影响力和网络结构等。例如,如果用户B与用户A在用户概况上有很高的相似度,但兴趣不同,则用户B不适合推荐给用户A。再比如,在相同情景下,对用户B和用户C,如果用户B的影响力大于用户C,那么用户B更有可能被推荐给用户 A。这种基于友邻模型(2 跳模式)的好友推荐方法,忽略了好友关系的多级传播。本书谨慎、仔细地选择了多个情景信息源并进行融合,研究好友推荐方法。

正如大家所知道的那样,反映用户间相关性的好友关系要么由一两个主导因素决定,要么由多个因素相互“博弈”而决定。类似于参考文献[147]中提出的直观法则,所有因素共同作用产生用户间最终的相关性。例如,两个用户具有更多的共同特征和兴趣,具有更大的相关性;更多的交互行为也具有更大的相关性。因此,目标用户与那些没有链接关系的其他用户间相关性是及其重要的链接预测度量标准,即用户越相关,越有更大的可能性成为好友。本书在基于 D-S 证据理论的基础上融合多个情景信息源,尽可能地获得用户间的最大相关性,为目标用户产生好友推荐。

4.4 问题形式化

分析社交网络特征,不难发现社交网络是一个异构网络,具有很多类型的节点且节点间具有多种关系。给定社交网络 $G=(V,E)$,V 是所有节点集合,E 是由各种关系形成的节点边的集合。V 由多种类型节点组成,包括用户节点和特征节点,即 $V=\{V_j^{(i)} \mid 1\leqslant i\leqslant K_V, 1\leqslant j\leqslant k_i\}$,$E$ 包含多种关系即 $E=\{E_j^{(i)} \mid 1\leqslant i\leqslant K_E, 1\leqslant j\leqslant k_i\}$,其中,$i$ 表示节点类型或边类型序号,j 表示节点 $V^{(i)}$ 或边 $E^{(i)}$ 序号,G 是一个社交网络图。其中,有些关系如转发、评论等是有向关系,有些如兴趣关系是无向关系。无向关系可以转换成由两条有向边组成的两个有向关系。因此,在本书中一个用户对另一个用户的相关性是有向的,即非对称的。假设第一种类型节点为用户节点,剩下的节点为项目节点、用户概括特征节点和位置节点。这里位置单独作为一种节点而未包含在用户概况特征中,是因为位置信息相对概况中的其他信息在好友推荐中更重要,尤其是在位置情景的社交网络 LBSN 中[157]更是如此。

因此,基于相关性的好友推荐任务可以描述为:给定 $V^{(1)}$ 中的用户节点 v,找到一个与用户 v 可能产生链接的用户节点列表,该列表按用户相关性倒序排列。并且除去与用户 v 现有链接的用户。

表 4.1 给出了影响用户相关性的主要情景元素,即情景信息源,分为三类即用于计算用户相似度的个性特征情景、用于计算结构相关性的网络特征情景和衡量信任关系的社交特征情景,它们共同在好友推荐中产生用户相关性。这三类情景

分别使用 PF、NF 和 SF 表示，如表 4.1 中的类别列所示。

表 4.1　影响用户相关性的情景因素及度量方式

情景因素	类别	度量	存在链接的度量	潜在链接的度量
用户概况	PF	相似度	直接	直接
位置	PF	相似度	直接	直接
兴趣	PF	相似度	直接	直接
节点位置	NF	相关性	直接	直接
基于度影响力	NF	吸引力	直接	直接
共同好友	SF	信任	直接	间接
交互	SF	信任	直接	间接

现有三个用户 v、v' 和 v''，根据下面的分析，用户 v 更有可能成为用户 v' 的好友而不是 v'' 的好友：

(1) 用户概况：相对于用户 v，用户 v' 比用户 v'' 有更多相同的个人特征信息，因而具有更高的相似度，所以 v 更有可能成为 v' 的好友。因为根据用户相似性，v 与 v' 有更高的相关性。用户概况特征情景体现了一种“同质性”[188]，表示了用户链接另外一个相似用户的可能性。

(2) 用户位置：根据参考文献[157]，通常情况下用户会更倾向于信任身边的人而不是距离他们很远的人。例如，在同一个校园或校区的人，更有可能成为朋友。也就是说，一般情况下，较近地理位置使得人们更容易成为朋友。

(3) 兴趣：具有相似兴趣爱好的用户更可能成为好友，因为他们可以分享更多的话题，并讨论这些话题。根据用户兴趣相似性，他们可以产生更大的相关性。

(4) 节点位置：即用户节点在社交网络中结构上的位置。从网络结构上来说，社交网络中的潜在好友间可能的节点位置更加接近。例如，节点 v' 距离 v 为 2 跳，而节点 v'' 距离 v 为 4 跳，那么 v 更有可能成为 v' 的好友而不是 v''。

(5) 社交影响力：如果用户 v' 拥有粉丝的数量远超过用户 v''，则他比 v'' 具有更大的吸引力，也就更有可能被用户 v 连接。

(6) 共同好友关系：体现了两个用户之间好友的重叠度，共同好友数量越多，则越有可能成为好友。比如，用户 v 和用户 v' 有 50 个共同好友，而 v 和 v'' 仅有 2 个共同好友。

(7) 交互行为：评论、转发和点赞等交互行为在很大程度上体现了两个用户间的信任关系。用户间交互的频率和数量越高，信任度越大。

社交网络中，共同好友关系和交互产生的信任可以传递。当然，每次传递会有一定的衰减。根据社会学理论中的六度分割理论[179]，现实生活中的人们多数情况下只需通过不超过 6 个人就能联系到其他任何一个人,因此本书限定信任传递最长不超过 6 个节点。

以上 7 条仅从单个情景角度进行分析,但不能完全代表和体现现实中的真实情况。以社交影响力为例,用户 v'影响力比 v''大,但 v'与 v 的兴趣相似性低,而 v''与 v 的兴趣相似性高,一种有趣的结果是 v 连接到 v''而不是 v'。因此,有必要综合考虑多个情景因素,也就是,根据某种规则进行情景融合。本书根据最小冲突原则[190-191],利用可扩展的 D-S 证据理论进行情景因素融合,生成用户间的总体相关性来产生好友推荐。

对于某个社交网络中的目标用户,用户节点分为两类:一是已链接的用户;二是潜在用户节点(目前尚未链接)。表 4.1 中,社交情景下好友关系和用户交互情景共同产生了已链接用户间信任关系,并沿着某些路径传递到未链接的用户。对每个已与目标用户有链接的用户,可以直接度量他们之间的总的相关性;而对每个潜在用户,其总的相关性为表 4.1 中前 5 种情景直接度量结果与后 2 种情景间接度量结果的组合。一个潜在用户与目标用户的相关性越大,未来越有可能被链接到目标用户,成为目标用户的好友。

4.5 多源情景信息融合的好友推荐框架

4.5.1 推荐框架

异构社交网络中含有丰富的情景信息,影响了用户好友的选择。如图 4.1(其他节点和关系已省略,仅包含用户节点及好友关系)所示,假设 Mary 是 Alice、Bob 和 Carol 的共同好友,但 Bob 和 Carol 不是 Alice 的好友。Alice 和 Bob 年龄相仿,毕业于同一所大学,有相似的兴趣爱好。而 Carol 比 Alice 年龄大,毕业于另一所大学且与 Alice 的兴趣差别较大,那么 Alice 更可能成为 Bob 的好友。因此,在好友推荐中,同时考虑多种情景信息,度量用户间总的相关性是必不可少的。

根据表 4.1 中的信息可知,社交网络中的好友推荐受到多种情景因素的影响,任何单个因素都不足以用于好友推荐。很显然,好友推荐是一个不确定性问题,需要考虑多种因素建立解决方案。D-S 证据理论是一个关于不确定信息融合的、经典而又著名的推理框架。因此,本书在基于 D-S 证据理论的基础上,提出一个可扩展的好友推荐框架,如图 4.2 所示。

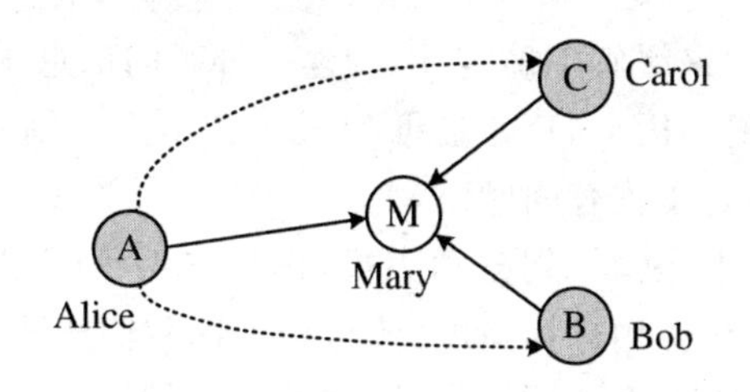

图 4.1　一个简化的社交网络示例

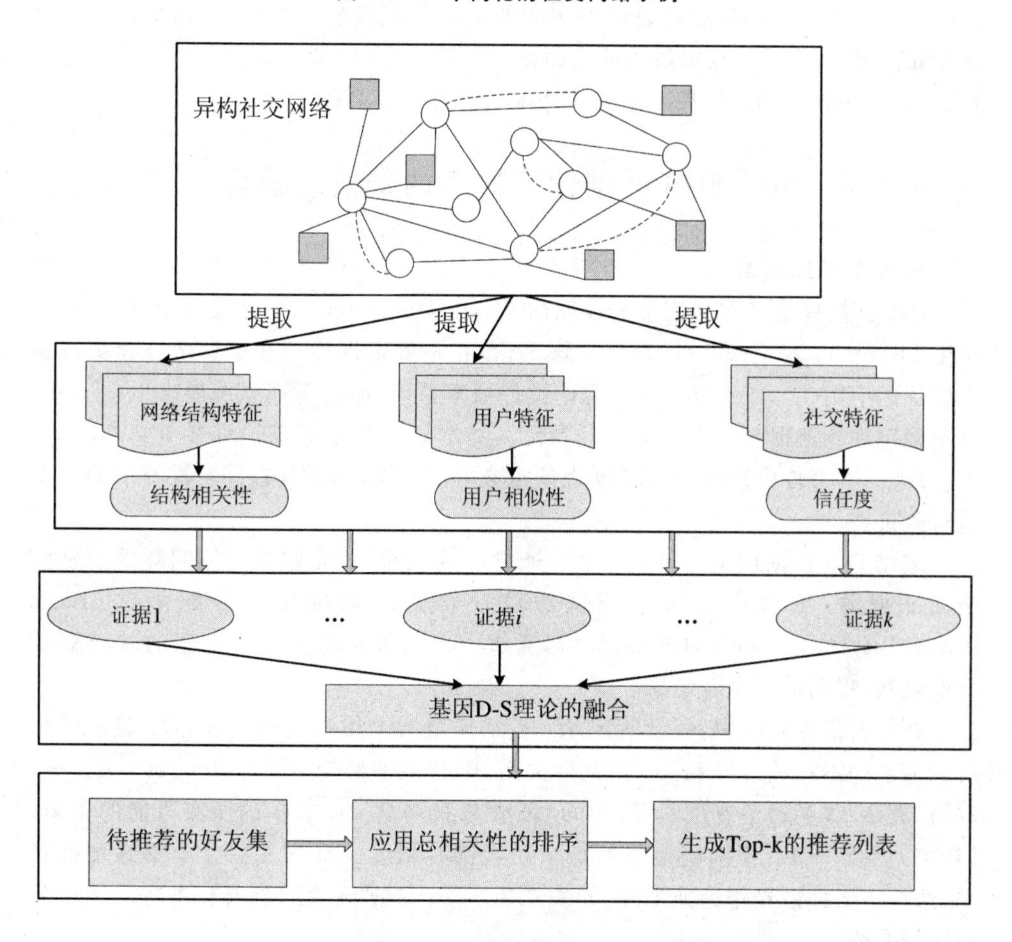

图 4.2　基于 D-S 证据理论的多源情景融合好友推荐框架

（备注：节点间不同关系用不同类型的线表示，如实线或虚线等，圆圈表示用户节点，
小正方形表示其他抽象用户特征。）

在必要的情况下，图 4.2 所示的框架可以很容易地根据证据信息源进行扩展。D-S 证据理论最早由 Dempster A P[189] 教授提出，是一种贝叶斯方法的扩展，但它的要求没有贝叶斯方法那么严格。它依赖于信念函数和证据组合规则。D-S 理论

通过增强证据间互补性来缓解不确定性，构建一种新的信息来解决目标问题，而单个情景源是无法实现的。因此，D-S 证据理论作为本章多情景感知与融合的基础理论，解决社交网络中好友推荐问题。

按表 4.1 所述，本书多情景划分为三类，即用户特征情景、网络结构情景和社交特征情景，分别用于计算用户相似度、节点相关性和信任度。本书优选了三类情景中的 7($k=7$)种，作为 D-S 中的证据源，并将其度量值融合为潜在用户对目标用户的总相关性。每种证据都设计了相应的信念分配函数，度量用户相关性。通过 D-S 融合理论[189-190]，根据最小冲突原则，所有的信念度量最终融合为用户总相关性。最后，用户总相关性用于生成 Top-k 的好友推荐列表。

4.5.2 基于 D-S 证据理论的多情景信息融合

1. D-S 证据理论

D-S 证据理论又称为信念函数理论[189]，由 Dempster A P 教授提出，后来他的学生 Shafer G A[190] 进一步发展了该理论，在不确定性推理和信息融合领域得到了广泛的应用[191-193]。D-S 证据理论类似概率系统，但比概率系统要求低，且在区分不确定性和证据收集方面更具有弹性。基本的 D-S 证据理论可参考文献[189]和[190]。本书首先根据 D-S 证据理论定义解决方案，再对其在好友推荐中的应用进行改进。

应用 D-S 证据理论进行信息融合通常分为三步：首先定义具体问题的识别框架和证据源；然后针对每个证据源设计合适的基础概率分配函数（Basic Probability Assignment，BPA）；最后，通过一定的规则融合所有证据的基础概率分配函数，得到最终融合结果。

在好友推荐问题中，假设给定 H_1 表示任意两个用户的相关性，H_2 表示其相反的命题即不相关，H_1 和 H_2 是互斥关系，则有识别框架[190-191] $\Theta=\{H_1,H_2,\cdots,H_N\}$，有 $N(N=2)$个有限元素，$P(\Theta)$表示 Θ 的幂集，包含 Θ 的所有可能的子集，$|P(\Theta)|=2^N-1$。识别框架中的每个元素都有相应的证据支持。本书好友推荐中，选择了 7 种情景作为证据源，如表 4.2。每个证据源的细节内容将在后续章节中详细介绍。

在识别框架 Θ 下，定义质量函数 m[191]：

$$m:P(\Theta)\to[0,1]$$

其中，$m(\varnothing)=0$，$\sum_{A\subseteq\Theta}m(A)=1$，质量函数 m 的取值范围为[0,1]，表示框架 Θ 中各元素的信念和似真性的度量，该函数称为基础概率分配函数或质量函数[189]。$\varnothing$表示空集，$A\subseteq\Theta$，$m(A)$也表示了支持 A(焦元，如定义 4.1)的可信度。具体的

BPA 函数依赖于具体问题，无固定公式，通常可以用模糊系统理论定义和设计。

定义 4.1 焦元[189-190]：对任意 $A \in P(\Theta)$，如果 $m(A) > 0$，则 A 被称为 m 的焦元。

定义 4.2 信念函数[189-190]：给定识别框架 Θ 和相应的基础概率分配函数，信念函数定义为

$$Bel(A) = \sum_{B \subseteq A} m(B), \forall A \subseteq \Theta$$

其中，B 是 A 的任意子集，$Bel(A)$ 表示 A 在 Θ 上的全部信念度，$Bel: 2^A \to [0,1]$。例如，假设 A 包含 2 个元素 X_1 和 X_2，则 A 的信念函数为 $Bel(A) = m(X_1) + m(X_2) + m(\{X_1, X_2\})$。在本书问题中 $Bel(A) = m(A)$，因为 A 中仅含单个元素，要么是“相关”要么是“不相关”，它们是两个互斥的概念，不能同时存在于一个子集中。

表 4.2 每个证据源的 BPA，$m_i(H_2) = 1 - m_i(H_1)$

证据源	相关性 BPA	不相关性 BPA
用户概况	$m_1(H_1)$	$m_1(H_2)$
地理位置	$m_2(H_1)$	$m_2(H_2)$
兴趣	$m_3(H_1)$	$m_3(H_2)$
节点位置	$m_4(H_1)$	$m_4(H_2)$
基于度的影响力	$m_5(H_1)$	$m_5(H_2)$
共同好友和交互	直接信任 $m_6(H_1)$，间接信任 $m_7(H_1)$	$m_6(H_2)$，$m_7(H_2)$

那么，利用正交规则进行 D-S 证据融合，如式(4.1)：

$$m(C) = m_i(A) \oplus m_j(B) \begin{cases} 0 & A \cap B = \varnothing \\ \dfrac{\sum_{A \cap B = C, \forall A, B \subseteq \Theta} m_i(A) m_j(B)}{1 - K_{i,j}} & A \cap B = \varnothing \end{cases} \tag{4.1}$$

其中，A 和 B 分别表示不同的焦元，$m_i(A)$ 为 A 上的第 i 个质量函数，$m_j(B)$ 是 B 上的第 j 个质量函数，共同组合成一个新的质量函数 $m(C)$，表示了识别框架上证据融合的过程，K_{ij} 表示冲突系数，取值范围为[0,1]，如式(4.2)：

$$K_{i,j} = \sum_{X \cap Y = \varnothing, \forall X, Y \subseteq \Theta} m_i(X) m_j(Y) \tag{4.2}$$

$K_{i,j}$ 度量了 m_i 和 m_j 间的冲突程度，$K_{i,j} = 0$，$K_{i,j} = 1$ 分别表示没有冲突和完全冲突。

2. 好友推荐中改进的 D-S 证据理论

虽然基本的 D-S 证据理论提供了一个好的信息融合思想,但也有一些缺点,即偶尔会出现不合理的逻辑组合结果,如弱证据获得强支持[194]。因此,为了避免这种缺陷,提出考虑使用证据的可靠度和重要度进行改进。可靠度是指证据所包含信息的完整度,依赖于具体证据,在下一节中有具体描述;重要度是指某证据在所有证据中的重要程度,可以使用一个模糊相似度矩阵来表示 M_E。假设有 K_E 个证据,那么 $K_E \times K_E$ 的模糊相似度矩阵$(M)_{K_E \times K_E}$表示如下:

$$M = \begin{bmatrix} S(E_1,E_1) & S(E_1,E_2) & \cdots & S(E_1,E_{K_E}) \\ S(E_2,E_1) & S(E_2,E_2) & \cdots & S(E_2,E_{K_E}) \\ \vdots & \vdots & & \vdots \\ S(E_{K_E},E_1) & S(E_{K_E},E_2) & \cdots & S(E_{K_E},E_{K_E}) \end{bmatrix}_{K_E \times K_E}$$

M 可简化为

$$M = \begin{bmatrix} 1 & S_{1,2} & \cdots & S_{1,K_E} \\ S_{2,1} & 1 & \cdots & S_{2,K_E} \\ \vdots & \vdots & & \vdots \\ S_{K_E,1} & S_{K_E,2} & \cdots & 1 \end{bmatrix} \tag{4.3}$$

其中,正对角元素为 1,即 $S_{i,j} = S_{j,i}$。$S_{i,j}$ 和 $S_{j,i}$ 表示证据 i 和 j 的相似度,通过证据间的距离函数[194]计算其值,证据 i 与自己完全相似,即 $S_{i,i} = 1$。显然,第 i 行表示证据 i 与其他证据的总体相似情况,因此,证据 i 的支持度可定义为

$$Sup(E_i) = \sum_{j=1,j\neq i}^{K} S_{i,j}(E_i,E_j) = \sum_{j=1,j\neq i}^{K} S_{i,j} \tag{4.4}$$

一个证据与其他证据相似度越大,则其支持度越大,证据越可信;反之,则结果相反。因此,证据的重要度由规范化的支持度进行定义:

$$I(E_i) = \frac{Sup(E_i)}{\sum_{j=1}^{K} Sup(E_j)} \tag{4.5}$$

假设 v_i^{R} 表示证据 i 的可靠度,改进后的 BPA 如下:

$$m_i^{\mathrm{N}}(X_j) \frac{1}{K_c} v_i^{\mathrm{R}} \times I(E_i) \times m_i(X_j) \tag{4.6}$$

其中,$K_c = \sum_{i=1}^{K} v_i^{\mathrm{R}} \times I(E_i)$ 为协调因子,X_j 为焦元。因此,这个改进的 BPA 就可以用来改进原始的 D-S 证据理论。

4.5.3　用户特征情景相关概率分配函数

1. 用户概括 BPA

通常情况下,两个用户有类似的概况相对容易形成某种关系。比如,Alice 和 Bob 年龄相近,又在同一所学校学习,那么在社交网络中他们就可能会产生某种关系。因为他们总能找到一些共同话题,如生活、学习和兴趣方面等,因而,他们更容易成为好友。当然,这不是绝对的,但本书更强调的是"可能性"。所以,用户之间的概况相似度对于度量用户相关性是重要的。很多特征都可用于度量用户概况相似度。但由于获得全部的用户特征情景信息非常困难,Agarwal V 等[149,186]仅在一个合成数据集中模拟计算了用户间的特征相似度,在好友推荐中取得了较好的效果。但社交网络出于对隐私的保护,对很多用户特征提供不完全。然而,本书还认为用户特征在度量用户相似性时起着重要的作用。因此,合理地选择用户概况中的主要特征可以较好地度量用户的相关性。本书仔细选择了用户概况中的 5 个特征,包括年龄、性别、学习机构(大学或高中等)、专业和职业。学习机构和专业反映了教育特征,职业体现了工作特征。根据参考文献[195],它们是用户形成链接的两个有力的特征。由于用户概况特征不是实值变量,本书单独对每个特征进行了相似性度量,然后组合这些特征相似度作为用户概况相似度的度量。很明显,每个特征的重要度不一样,本书采用了加权模式体现它们的重要性,可通过参考文献[149]提出的实值遗传算法(GA)学习权重大小。最终用户 u 与用户 v 的概况相似度 $sim_{\mathrm{P}}(u,v)$ 的计算方式如下:

$$sim_{\mathrm{P}}(u,v) = \vec{S}_{\mathrm{P}}\overrightarrow{W}_{\mathrm{P}}^{\mathrm{T}} \tag{4.7}$$

其中,$\overrightarrow{W}_{\mathrm{P}} = (\omega_1,\omega_2,\omega_3,\omega_4,\omega_5)$ 为权重向量且 $\sum \omega_i = 1$,5 个特征相似度形成向量为 $\vec{S}_{\mathrm{P}} = (s(u_{A1},v_{A1}),s(u_{A2},v_{A2}),s(u_{A3},v_{A3}),s(u_{A4},v_{A4}),s(u_{A5},v_{A5}))$。每个特征元素相似度 $s(u_{Ai},v_{Ai})$ 度量方法如下:

(1) A1:年龄,通常年龄值介于 0～100 之间。对于社交网络中注册的真实用户,本书假设至少 10 岁,否则,用户的相关信息是不可靠的,将被忽略。于是,通过整数距离计算用户年龄相似度:

$$s(u_{A1},v_{A1}) = \frac{1}{1+\log(1+d(u_{A1},v_{A1}))} \tag{4.8}$$

其中,$d(u_{A1},v_{A1})$ 为年龄距离,分母中使用对数的目的是降低年龄相似度下降的速率,如出现年龄相差很大的情况。

(2) A2:性别,由男和女组成。这里强调的是性别取向,不是传统意义上的"性别",所以不能直接使用 1 表示性别相同的相似度,否则为完全不相似。也就是说,男性用户不一定总是选择男性朋友，有时他们可能更多选择女性朋友。因此，本书设计了一个性别向量 $\boldsymbol{G}=(g_1,g_2,g_3)$ 来度量性别相似性。该向量中包含三个元素，分别表示性别值、男性朋友比例和女性朋友比例。其中，男性和女性朋友比例可通过对应朋友数量除以用户朋友总数计算。这样就可以利用余弦相似度计算性别取向。

(3) A3：学习机构，是指用户接受教育的实体对象，可以分为三类：① 高等教育机构，如安庆师范大学；② 第二级(中学)教育机构，如安庆市第一中学；③ 培训机构。对用户 u 和 v，如果学习机构相同，则相似度为 $s(u_{A3},v_{A3})=1$；如果教育机构不同但属于同一类别，则 $s(u_{A3},v_{A3})=0.5$，否则相似度为 0。

(4) A4：专业。具有相同或相似专业背景的两个用户有更多的讨论话题。本书利用专业目录本体树计算用户专业特征的语义相似度，其中专业目录本体树可根据具体情况通过百度百科①、WordNet② 或 WikiPedia③ 建立。语义距离越小，相似度越大。很明显，任意两个专业间的相似度与它们在专业本体树中的深度和路径长度有关。因此，本书利用该方法[196]计算专业间语义相似度，有效地计算了词汇树中任意两个节点间的语义相似度，根据参考文献[196]的实验结果，参数 $\alpha=0.2$ 和 $\beta=0.45$ 时，效果最佳，具体计算方法如下：

$$s(u_{A4},v_{A4})=\begin{cases}1 & u_{A4}=v_{A4}\\ \mathrm{e}^{-\alpha l}\times\dfrac{\mathrm{e}^{\beta h}-\mathrm{e}^{-\beta h}}{\mathrm{e}^{\beta h}+\mathrm{e}^{-\beta h}} & u_{A4}\neq v_{A4}\end{cases}\tag{4.9}$$

其中，l 表示一个节点到另一个节点间的长度，h 表示两个节点第一个共同祖先节点的深度。

(5) A5：职业。其相似度计算类似于专业相似度计算方法，先建立职业语义本体树，再计算用户职业特征相似度。

通过以上方法可以较好地计算这 5 个概况特征情景相似度，进而利用参考文献[149]中的实值遗传算法学习各特征在用户概况相似度 $sim_{\mathrm{p}}(u,v)$ 中的权重系数。两个用户相关性正比于它们的用户概况相似度。因此，为方便计算，本书采用式(4.10)为用户概况相关性概率分配函数：

$$m_1(H_1)=sim_{\mathrm{p}}(u,v)\tag{4.10}$$

2. 位置情景 BPA

社交网络中积累了大量的信息，驱使着各种各样的应用，如用户推荐、社交媒体推荐等。位置是描述用户位置情景的重要信息，影响着用户好友的选择[157]，居

---

① http://baike.baidu.com/.

② http://wordnet.princeton.edu/.

③ https://www.wikipedia.org/.

住距离较近的用户更容易成为朋友[158]。Liben-Nowell D 等[159]研究发现,在社交网络中,超过 2/3 的朋友关系是由于用户的位置情景所产生的。位置上的接近性不仅有利于在线交友,而且还有利于用户参加离线活动[160]。Scellato S 等[161]通过分析位置社交网络 Foursquare① 数据集,证实了社交网络中大概有 40%的链接用户距离不超过 100 km。Wu M 等[162]利用位置偏好相似性提出一种好友推荐方法,通过在一个真实数据集 Gowalla 上验证了所提出方法的合理性和有效性,由此也可以看出在社交网络中,位置情景对好友推荐的重要性。因此,本章的好友推荐中也利用了位置情景。为简单起见,将用户的居住地、家庭地址等统称为用户位置。正如大家熟知的一样,位置信息具有层次结构,具体位置信息包含不同的粒度[157]。例如,城市包含多个区,同时又属于不同省(州)等等。目前,使用基于层次化的树结构度量位置的相似度是主流方法[157,163-165]。而在位置社交网络中,用户位置信息相似性主要使用了位置序列(位置轨迹)进行度量。本章考虑的位置信息不是用户位置轨迹。因此,位置相似性度量采用基于树结构的节点相似性度量方法,更加适合本书的情况。层次化的位置树类似于一个简单的位置本体树,可根据行政区域②建立该树,当然不同国家的位置本体树应该依据该国的具体情况而定。所以,位置节点间的相似度计算方法类似前述公式(4.9),如下:

$$sim_{\mathrm{L}}(u,v)=\begin{cases}1 & L_u=L_v\\ \mathrm{e}^{-\alpha l}\times\dfrac{\mathrm{e}^{\beta h}-\mathrm{e}^{-\beta h}}{\mathrm{e}^{\beta h}+\mathrm{e}^{-\beta h}} & L_u\neq L_v\end{cases}\tag{4.11}$$

其中,L_u 和 L_v 表示用户 u 和 v 的位置结点,其他参数含义与式(4.9)中相同。

相对社交网络中大量的用户,单个用户好友的数量是很少的。即使两个用户处在相同的位置,也很难确定他们是否能成为好友[157]。也就是说,仅依赖于位置情景是不够的,需要与其他信息组合才能更好地判断用户成为好友的可能性。因此,本书认为信息融合才是比较好的好友推荐方法。基于位置情景的用户相似性概率分配函数可直接适用位置相似性进行度量,如下:

$$m_2(H_1)=sim_{\mathrm{L}}(u,v)\tag{4.12}$$

3. 用户兴趣 BPA

社交网络中,用户不仅可以发布、分享信息,而且还可以交互,这在某种程度上反映了用户兴趣偏好。根据生活经验和社会选择理论,用户更倾向于选择那些与自己兴趣相似的用户作为自己的好友。显然,兴趣相似性越大,用户间的关联性越大。因此,社交网络中利用文本分析技术[197]度量的用户兴趣对于用户好友推荐非常重要。本章主要关注的是类似于 Twitter 网、中文微博平台中的信息,并利用由

① https://foursquare.com/.
② https://en.wikipedia.org/wiki/China#Geography.

Gruber TR[155]提出的通过本体规范建立用户兴趣本体模型。本体用户兴趣模型是一个很流行和经典的表达用户兴趣的方式,很多研究者都在相关研究中使用到该技术。可以通过开放目录、维基百科以及百度百科等建立领域本体模型。具体的本体构造技术细节已超出本书研究范围,可参考文献[155][156],本书直接使用了Zheng J 等[114]提出的方法建立本体用户模型计算用户主题兴趣度。通过社交网络中用户历史记录,可以提取与领域本体树映射相对应的用户兴趣主题。由于领域本体树中各结点表示的主题具有一定的覆盖范围,本书建立用户兴趣模型时不仅考虑了用户内容兴趣度还兼顾了主题语义覆盖度,如下:

$$I_u(s) = \frac{2 \times Cid_u(s) \times Sid_u(s)}{Cid_s(s) + Sid_u(s)} \tag{4.13}$$

其中,$Cid_u(s)$和 $Sid_u(s)$分别表示用户 u 的内容兴趣度和主题s语义覆盖度。对于一个具体主题来说,如果用户发布和分享的信息与该主题密切相关、数量较多,那么该主题的语义覆盖度越大,则该用户对这个主题就越感兴趣。所以,用户间的兴趣相似性度量方法如下:

$$sim_1(u,v) = \frac{\sum_{s \in S_u \cap S_v} (I_u(s) - \bar{I}_u)(I_v(s) - \bar{I}_v)}{\sqrt{\sum_{s \in S_u \cap S_v} (I_u(s) - \bar{I}_u)^2} \sqrt{\sum_{s \in S_u \cap S_v} (I_v(s) - \bar{I}_v)^2}} \tag{4.14}$$

其中,$S_u \cap S_v$ 为用户 u 和 v 的主题交集,$I_u(s)$和 $\bar{I}_u$ 分别表示用户兴趣模型中用户 u 关于主题 s 的兴趣度和所有主题的平均兴趣度。显然,相似度越大,用户越可能成为好友。用户相关性与用户间的兴趣相似性成正比。因此,用户兴趣相关性直接使用相似性度量,如下:

$$m_3(H_1) = sim_1(u,v) \tag{4.15}$$

4.5.4 网络结构情景相关的概率分配函数

1. 节点位置 BPA

社交网络中从网络结构上来说,用户潜在好友很可能在结点位置上相近[147]。例如,对于目标用户 u,如果 u_1可以通过 2 步距离到达 u,而 u_2需要通过 5 步距离到达 u,那么 u_1比 u_2有更大的概率成为用户 u 的好友。为了计算方便,本章使用到目标用户的最短路径长度的倒数作为结点位置的概率分配函数:

$$m_4(H_1) = L_P(u,v)^{-1} \tag{4.16}$$

2. 用户社会影响力 BPA

根据 Merriam-Webster 词典中的定义,影响力是指通过无形的或间接的方式而产生影响的能力。本书认为用户社会影响力是一个用户对另一个用户的某些行为产生影响的能力，其结果导致被影响用户发出了类似转发、点赞等某种行为。用户社会影响力可使用多种方式衡量，如 PageRank 值、粉丝的数量等。根据 Twitter 数据集上的经验分析[166]，入度、转发、提及是影响用户社会影响力的三个重要方面。入度，一方面在社交网络结构上表示了该结点的连接作用，另一方面表示了该结点对应用户的流行度。但是在社交网络中有些用户是“礼节性”地关注了某个用户，例如一个用户关注了另一个用户，另一个用户出于礼貌性的“反馈”，也关注了他/她，或者是被关注的用户是该用户在现实生活中的一个熟人等。所以，本书尝试去找到和发现那些社交网络中真正的关注者，这些关注关系正是由基于用户行为（包括转发、评论和提及等）的社会影响力所产生的关注。而且，用户影响力还会受到其关注者（粉丝）影响力的影响。例如图 4.3，假设用户 C 有很大的影响力，并且关注了用户 U。很明显，用户 C 的影响力将增强用户 U 的影响力，至少用户 U 的影响力不会变差。也就是说，子节点的影响力将对其父节点的影响力产生间接贡献的作用。Kempe D 等[167]提出深度不超过 2 的子节点是影响父节点影响力的最有价值的节点。

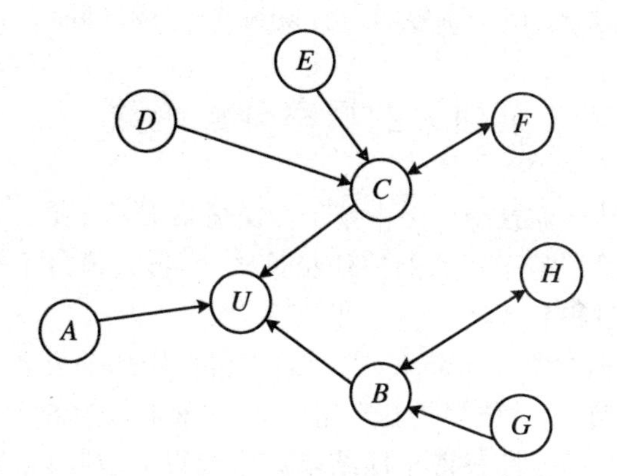

图 4.3　用户 u 的局部社交图示例

（仅保留了关注关系而省略了其他关系）

因此，本章也借鉴了这种思想计算用户社会影响力。综合以上各方面因素，提出了一种改进的用户社会影响力度量方法，如下：

$$Influence(u_i) = \log\left(\sum_{j=1}^{N_{u_i}} f(u_i, u_j) + \zeta_j \times \sum_{k=1}^{N_{u_j}} f(u_j, u_k)\right) \tag{4.17}$$

其中，N_{u_i} 表示用户 u_i 的关注者数量，$f(u_j, u_i)$表示一个等价函数，用于计算用户 u_j 作为一个真正关注者的有效性，通过该用户对父节点量化行为进行计算，如下：

$$f(u_i, u_j) = \frac{Behaviors(u_i, u_j)}{1 + SharedNum(u_i)} \tag{4.18}$$

$f(u_j, u_i)$等于用户 u_j 对用户 u_i 分享信息所发生行为的数量除以用户 u_i 全部分享信息的数量。

ζ_j 为影响力系数,表示用户子节点 u_j 对父节点 u_i 的贡献度或权重,其计算方法如式(4.19)。对用户 u_j 自身影响力越大,对用户 u_i 的贡献度越大,影响力系数越大。

$$\zeta_j = \frac{f(u_i, u_j)}{\sum_{k=1}^{N_{u_i}} f(u_k, u_j)} \tag{4.19}$$

用户影响力由两部分组成,即用户真正的直接关注者数量和他们的贡献度。本章提出的影响力度量方法不仅体现了用户节点入度的作用,还体现了用户交互情景的作用。式(4.17)使用对数的目的是为了防止在融合中由于高影响力和低影响力之间差别太大而产生很低的计算精度。

对于目标用户来说,那些具有高影响力的潜在用户更加具有吸引力,更有可能成为目标用户的好友,也就是说具有更大的选择概率。可以看出,用户社会影响力 BPA 正比于其影响力,如下:

$$m_5(H_1) = K_{Inf} \times Influence(u_i) \tag{4.20}$$

其中,K_{Inf} 为规范化系数,用于将影响力转换到 0~1 的区间。

4.5.5 社交情景相关的概率分配函数

本节重点分析和建立社交网络中基于社交情景下好友推荐的信任模型。首先定义易于计算和度量的基于行为的信任相关概念,再具体讨论社交情景相关的概率分配函数的建立过程和方法。

定义 4.3 信任:根据 Golbeck[180,198]关于信任概念的思想,用户 A 对 B 的信任是对 B 的一种依赖,这种依赖是基于用户 A 的未来行为的个人内在观点。由于受到 B 的影响,A 的行为将获得正面结果。这些行为包括讨论一些相关主题、支持某种活动或传播信息等。

这种正面结果可能得益于两个用户之间相似的特征、兴趣和经历等。例如,A 信任 B 意味着 A 在某些事情上相信或支持 B。而且,这种行为结果对 A 不会产生负面影响。但是,如果 B 发布了虚假或负面信息,使得 A 感觉到"不舒服",A 就会降低对 B 的信任,甚至逐渐不再信任 B。

与现实生活类似,社交网络中 A 信任 B,B 信任 C,那么 A 在某种程度上也信任 C。也就是说,信任可以传递。因此,信任可分为两类,即直接信任和间接信任[180]。而且,A 信任 B 并不意味着 B 一定要信任 A。也就是说,信任是双向的、非对称的。因此,信任具有 3 个特点,即传递性、非对称性和个性化[180]。

定义 4.4 直接信任:如果 A 关注了 B,那么 A 对 B 的信任称为直接信任。

定义 4.5 间接信任:如果 A 没有关注 B,但 A 在不超过 6 步的情况可达到

B,那么由信任传递性得到的 A 对 B 的信任称为间接信任。

定义 4.6　信任传递跳,k_1 - Hop:记 $G_T = (U, E_T)$ 为来自社交网络 G 的一个有向子网络,用户间的信任关系形成了该子网络。其中,U 为用户节点集,E_T 为有向信任边集。如果从用户 u_i 到用户 u_j 有 l 条路径,每条路径上经过了 k_l 个节点,那么定义用户 u_i 到用户 u_j 的传递信任经过了 k_l 个信任传递跳 k_l - Hop,且 $1 \leqslant k_l \leqslant 6$[179]。

k_l 不超过6是一个根据六度分隔理论统计出来的数字,表示社交网络中一个用户到达另一个用户需要经过的最多节点数量。但在真实的社交网络中,存在一些用户到达另外一个用户的节点超过6个节点的情况。由于信任传递到这些节点会衰减到忽略不计,所以本书在好友推荐中也忽略了这些节点。一个简单信任传递例子如图4.4所示。图中节点 A 经过了两条路径将信任传递到节点 T,即第一条路径 $A \rightarrow B \rightarrow C \rightarrow T$ 为3跳信任传递3 - Hop;第二条路径 $A \rightarrow D \rightarrow T$ 为2跳信任传递2 - Hop。利用某种机制通过这两条传递路径计算 A 对 T 的传递信任,最终传递信任取较大者[199]。

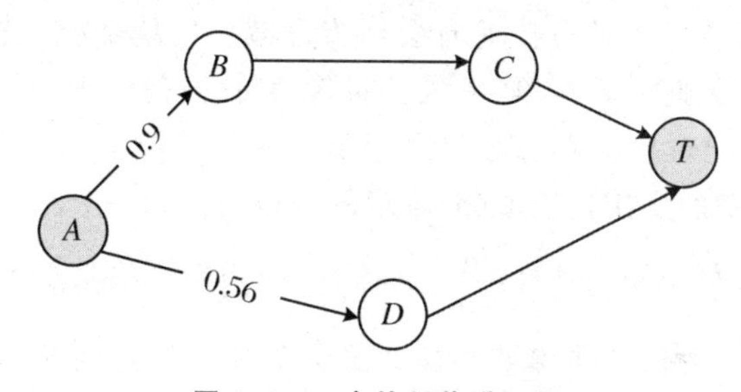

图 4.4　一个信任传递示例

本章提出一个新的概念"最佳信任传递跳"(如定义4.7)定义最终信任传递值。

定义 4.7　最佳信任传递跳,k_B - Hop:$T_l = f(u_i, u_j, \text{path}_l)$ 为用户 u_i 通过第 l 条路径经过 k_l 跳后对 u_j 信任传递的度量,最佳信任传递跳 k_B - Hop 取信任传递值最大值时的跳数[199]。

1. 直接信任

社交网络中用户间关注与被关注关系形成了有向网络,其中,关注者和被关注者分别称为粉丝和偶像,这种关系反映的是用户间的信任关系。偶像也称为用户的好友,粉丝信任偶像(好友)。根据前人研究[145,148],如果一个用户关注另一个用户,则该用户完全信任另一个用户。与其不同,本书认为这种信任不应该是绝对的无条件信任,而是有一定的"度"。有时一个用户关注了另一个用户,另一个用户出于"礼貌性",也反过来关注该用户[178]。从表面上看,他们互为好友关系。但事实上,只有主动关注才看作是真正的好友链接。为了减化信任度量方法,本书不仅考

虑了用户的好友关系,同时还考虑了用户间的交互行为,如转发、评论。因此,设计用户直接信任度量方法如下:

$$T^{D}(u,v) = \min\left\{\frac{1}{2} + \frac{N(u,v)}{1 + \sum_{v' \in FS(u)} N(u,v')}, 1\right\} \tag{4.21}$$

其中,$N(u,v)$表示用户 u 对用户 v 产生的行为的数量,$FS(u)$表示用户 u 的好友集合,在所有用户 u 的好友中,$T^{D}(u,v)$越大表明信任度越高。从公式(4.21)可以看出,本书的直接信任度 $T^{D}(u,v)$与前人研究的不同,是一个介于0～1 之间的实数。

根据生活经验,用户 u 链接到用户 v,意味着 u 对 v 有一个基本的信任,所以在式(4.21)中设定$\frac{1}{2}$为基础直接信任度,剩下的部分为用户行为所产生的信任值,由于最大信任值不超过 1,因此,最终通过 min 函数得到用户 u 对 v 的直接信任度值,且小于等于 1。

2. 间接信任

Adamic L A[148]的研究表明,好友的好友可能成为好友,即信任是可以传递的。但信任沿着某条路径进行传递时会逐步衰减。也就是说,信任在传递过程中会有损失。正因为如此,Li W 等[145]人针对传递特性,提出中心圆模型来度量间接信任,产生了较好的效果。中心圆的中心节点到最外层节点的层次不超过 6 层。其中,值 1 作为最初的直接信任值(而本章的直接信任为一个小于等于 1 的值),用传递层的倒数来度量间接信任即$\frac{1}{n+1}$。而且,他们的目标是发现到目标用户的最短路径,也就是在多种信任传递值中保留最大值作为最终间接信任值。而本章是尽最大可能找到最佳信任跳 k_B - Hop,来计算间接信任值。信任传递过程中,传递路径长度是一个重要因素。因为通常情况下路径越长,包含的可靠信息越少[201]。因此,根据六度分割理论[179],传递跳数不超过 6。如果任何可达用户相对目标用户传递跳数超过 6,本书直接设置间接信任值为一个很小的阈值或 0 值。

假设,从用户 u 到可达用户 v,但 v 不是 u 的好友,从 u 到 v 存在 $K_{u,v}^{P}$条路径。规定每条路径中,结点 u 为根节点,节点水平为 0,其直接好友的节点水平为 1,以此类推,直到路径的最末节点 v。那么,用户 u 对用户 v 的间接信任度量方法如下:

$$\begin{gathered} T^{I}(u,v) = \max_{j=1,\cdots,K_{u,v}^{P}} \Pi_{i=0}^{|SN(j)|-1} T^{D}(v_i, v_{i+1}), \\ \text{s.t.} \quad \forall\, v_i, v_{i+1} \in SN(j), 1 \leqslant j \leqslant K_{u,v}^{P}, v_0 = u, v_{|SN(j)|} = v \end{gathered} \tag{4.22}$$

其中,j 表示第 j 条路径序号,$SN(j)$表示第 j 条路径上的用户节点数量。v_i 表示 i 个节点,$T^{D}(v_i, v_{i+1})$表示用户 v_i 对其好友 v_{i+1}的直接信任值。最佳信任传递跳对应的路径为最大间接信任路径。对应的最大信任传递值为用户 u 对用户 v 的最终间接信任值[199]。

3. 信任 BPAs

在本章研究中，信任分为直接信任和间接信任，分别对应用户对好友的信任和用户对其可达路径上节点的信任。无论哪一种信任，都表示了一个用户对另一个用户的信任程度或连接的可能性。信任与用户相关性正相关，因此，这里规定直接信任和间接信任的基础概率分配函数的计算方式为

$$m_6(H_1) = T^{\mathrm{D}}(u,v) \tag{4.23}$$

$$m_7(H_1) = T^{\mathrm{I}}(u,v) \tag{4.24}$$

4.5.6 证据可靠性度量

证据的可靠性表示了情景信息源的可靠性，最终体现在各情景信息源的可靠性。根据以上各情景信息源得到的基础概率分配函数，可计算一个用户对另一个用户的总的相关性。其中，概率分配函数表达了一个用户连接到另一个用户的可能性。在理想的情况下，从各情景信息源获取的信息是完整的和充足的，概率分配函数计算结果就是可靠的。但是，在实际情况中，并不能总是获得足够的所需要的信息。因此，这里增加了一个可靠度系数来调节概率分配函数值，以上 7 种概率分配函数值的可靠度值形成了一个 7 维向量，即 $V^R=(v_1^R,v_2^R,v_3^R,v_4^R,v_5^R,v_6^R,v_7^R)$，各元素缺省值为 1，表示可靠。其中用户概况特征和位置情景的可靠度依赖于具体情况。用户概况由 5 个元素组成，缺少一个，可靠度就降低 20%；而位置情景，如果缺失则可靠度为 0，否则为 1。

4.5.7 好友推荐方法

本节提出了基于改进 D-S 证据理论的好友推荐融合方法的流程和算法，如图 4.5 和表 4.3 所示。该流程包含 4 个阶段，即准备数据、建立证据概率分配函数、融合概率分配函数和产生推荐列表。第一个阶段主要为准备数据和数据预处理，如收集数据集、剔除脏数据等。第二阶段是完成所有证据源的概率分配函数的设计和建立。第三阶段为重点利用证据的重要性和可靠性改进 D-S 证据理论，并融合各概率分配函数。最后，利用融合理论产生的用户总相关性生成 Top-k 推荐列表。其中，概率分配函数要么根据证据的相似度计算，要么利用证据相关性计算，主要分为三类：

(1) 改进了一些概率分配函数的计算方法，如用户影响力、直接信任度、间接信任度等；

(2) 一些概率分配函数直接参考了现有文献中的一些成果，如用户相似度、位

置相似度等；

(3) 其他一些概率分配函数使用了经验公式，如年龄距离、性别相似度、节点位置度量等。

前文已讨论了原始 D-S 证据理论存在缺陷，所以利用证据重要性和可靠度来改进 D-S 证据理论。

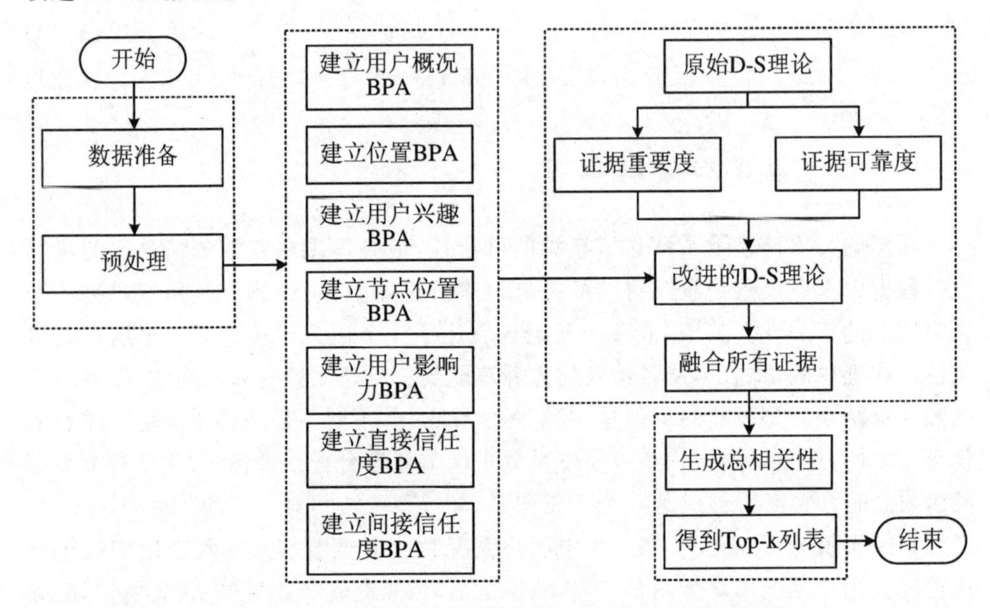

图 4.5　基于改进 D-S 证据理论的好友推荐融合方法流程

在本章所提出的方案中，好友推荐算法是核心，其具体算法步骤如表 4.3 所示：首先是确定各情景信息源的概率分配函数；再对目标用户的每个潜在用户，通过改进 D-S 证据理论，融合各情景信息源的概率分配函数计算得到的用户相关性，进而得到用户总相关性；最后生成 Top-k 的好友推荐列表。

表 4.3　融合多情景源的好友推荐算法

算法：基于改进 D-S 证据理论的好友推荐算法
输入：u（目标用户），U_1（潜在用户集），U_2（用户 u 的好友集合），SR（社交网络），k（Top-k 值） 输出：L_u（为目标用户 u 生成的 Top-k 好友推荐列表） 步骤 1：对潜在用户 $v \in U_1$，$v \notin U_2$，$v \neq u$ 计算各情景源概率分配函数 $m_i(H_1)$ 和 $m_i(H_2)$，其中 i 的取值范围为 1～7；

续表

步骤 2：计算基于证据距离的各证据间的相似度 $S_{i,j}$（表示证据 i 和证据 j 的相似度）；

步骤 3：利用证据相似度 $S_{i,j}$ 建立证据间的模糊相似度矩阵 $(M)_{7\times7}$；

步骤 4：利用式(4.4)计算证据支持度 $Sup(E_i)$；

步骤 5：利用式(4.5)计算各证据的重要度 $I(E_i)$；

步骤 6：基于证据信息的完整性和充分性确定证据可靠度向量 $V^R=(v_1^R, v_2^R, v_3^R, v_4^R, v_5^R, v_6^R, v_7^R)$；

步骤 7：计算用户 v 对用户 u 的总的融合相关性 $R_{u,v}$；

步骤 7-1：通过证据重要度 $I(E_i)$ 和可靠度 v_i^R 修正证据概率分配函数 $m_i(H_1)$ 和 $m_i(H_2)$；

步骤 7-2：利用组合规则和式(4.1)融合各概率分配函数值，得到用户 v 对用户 u 的总的相关性 $R_{u,v}$；

步骤 8：转向步骤 1，直到集合 U_1 中每个潜在用户的融合相关性计算完毕；

步骤 9：基于融合相关性倒排序生成 Top-k 的好友推荐列表 L_u，并返回该列表，算法结束

4.6 实验分析

4.6.1 数据集

本书选取了从腾讯微博平台①采集的真实数据集，该平台类似 Twitter，是中国具有代表性的一个社交网络平台。目前，该平台的日活跃用户已超过 1 亿。而且腾讯微博平台为开发者提供了免费和开放的 API 收集用户数据。鉴于这些优点，本书选取了腾讯微博平台相关数据集作为好友推荐性能测试的主要数据集。

为了获取数据集和更好地执行实验，本书在 Java1.8 环境下，使用 Eclipse Neon Release(4.6.0)开发实验系统，所有数据存储在 MySql 5.0 版本的数据库中，实验操作系统为 Windows 7(64 bits)，RAM 4.00G，Intel(R) Core(TM) i5-5200U CPU 2.20GHz。这里没有在分布式环境下进行测试，因为实验的主要目的是验证所提出的方法。但是，该方法在实际应用中完全可以并行化。

在收集数据集的过程中，为了能更好地表达用户网络结构特征，本书并没有随

① http://t.qq.com/.

机选择用户，否则用户间链接可能非常稀少。首先，先选择一个具体的用户作为实验用的社交网络的初始节点，然后将其关注者加入到网络中。进而，这些关注者的关注者再加入网络，采用同样的方法，不断加入新用户直到用户数量达到指定的数量。收集的信息包括用户特征、分享的信息、社交关系、交互记录以及时空信息等。另外，删除了那些好友和关注者超过 1000 的用户，因为这些用户可能是明星或"随意加好友"的用户。最后，得到一个有 12761 个用户的小型社交网络。针对这些用户分别收集了两批数据，时间分别是 2015 年的 6 月和 8 月，分别用于预测和验证。数据集的统计信息如表 4.4 和表 4.5。

表 4.4　社交关系统计

统计量	第一批		第二批	
	用户粉丝数	用户偶像数	用户粉丝数	用户偶像数
最大数	193	149	193	179
最小数	1	1	1	1
平均数	7.911	6.582	8.056	6.757

表 4.5　数据集统计

统计量	第一批	第二批
用户数	12761	12761
社交边数	83809	86018
信息数	569671	577925
平均度	6.57	13.492
网络直径	17	20
平均路径长度	5.983	5.963

4.6.2　评价标准

本书使用了 5 个评价指标：2 个信息检索领域里经典的评价指标，即平均精度(Average Precision，AP)和平均召回率(Average Recall，AR)；3 个关于推荐列表质量的主流评价指标，即平均规范化折扣累计增益(Average Normalized Discounted Cumulative Gain，A-NDCG)、平均倒数排名(Mean Reciprocal Rank，MRR)和平均排序精度(Mean Average Precision，MAP)来度量所提出方法的性能。

精度和召回率指标经常用来评价推荐性能[202]，精度和召回率值越高，性能越好，其计算方法如公式(4.25)和公式(4.26)。其中关于 N_1^i，N_2^i 和 N_3^i 的含义见表 4.6。

$$\mathrm{AP} = \frac{1}{n}\sum_{i=1}^{n}\frac{N_1^i}{N_1^i + N_2^i} \tag{4.25}$$

$$\mathrm{AR} = \frac{1}{n}\sum_{i=1}^{n}\frac{N_1^i}{N_1^i + N_3^i} \tag{4.26}$$

表4.6　N_1^i,N_2^i 和 N_3^i 的含义

	相关	不相关
已推荐	N_1^i	N_2^i
未推荐	N_3^i	N_4^i

指标NDCG,MRR和MAP用于评价推荐列表质量[203][204]。在NDGG中,每个推荐项目(这里指好友)在列表中的位置值使用对数进行折扣,NDGG值越大,推荐列表质量越高。MRR和MAP也是两个关于推荐项目在推荐列表中位置精度的评价指标[204],推荐时总是希望推荐最相关的项目,并且推荐列表与目标用户尽可能的相关。在本书Top-k的好友推荐中,NDCG、MRR和MAP的计算方式如公式(4.27)、(4.28)和(4.29)。

$$\mathrm{NDCG}@k = \frac{1}{Z}\sum_{i=1}^{k}\frac{2^{x_i} - 1}{\log(i + 1)} \tag{4.27}$$

其中,Z 是一个规范化因子[205],x_i 是推荐项目在位置 i 的标识。如果目标用户接受了所推荐的项目,则 $x_i = 1$,否则 $x_i = 0$。在每次Top-k推荐中,都会计算每个目标用户的NDGG值,最后计算每个用户的NDGG的平均值作为每个用户的最终A-NDGG结果。

$$\mathrm{MRR}@k = \frac{1}{k}\sum_{i=1}^{k}\frac{1}{i}\times \mathrm{rel}(q_i) \tag{4.28}$$

$$\mathrm{MAP}@k = \frac{1}{k}\sum_{i=1}^{k}\frac{\mathrm{P}(q_i)}{i}\times \mathrm{rel}(q_i) \tag{4.29}$$

其中,q_i 表示推荐列表中第 i 个项目,$\mathrm{rel}(q_i)$ 和 $\mathrm{P}(q_i)$ 分别表示二元相关性函数和列表中项目序数函数,如果 q_i 与目标项目相同,则 $\mathrm{rel}(q_i) = 1$,否则 $\mathrm{rel}(q_i) = 0$。

4.6.3　情景信息融合的有效性

本节的实验目标是验证所提出的基于朴素D-S证据理论融合(Pure D-S Fusion,PDSF)的有效性,即融合社交情景(好友关系)和用户兴趣与经典的FoF(基于好友关系)方法进行实验结果对比。由于是一个小规模的初步实验,本章从数据集中抽取了一个预备级数据集。首先，随机选择数据集第一批数据中 200 个用户，并提取与他们相关的社交关系数据。这 200 个用户可看成是粉丝或偶像节点，进一步抽取粉丝的偶像和偶像的粉丝对应的用户加入到用户集合中；最后，共得到 1615 个用户（节点）和 2601 条社交边，具体统计信息如表 4.7 所示。

表 4.7 预备数据集统计信息

统计项	统计值
用户数	1615
社交边数	2601
最大粉丝数	84
最小粉丝数	1
最大偶像数	106
最小偶像数	1
信息数量	76236
平均度	3.221
网络直径	12
平均路径长度	4.067

预备数据集按 80% 和 20% 的比例划分成训练集和测试集，采用 10-fold 交叉验证方式进行实验，实验结果如图 4.6 所示。

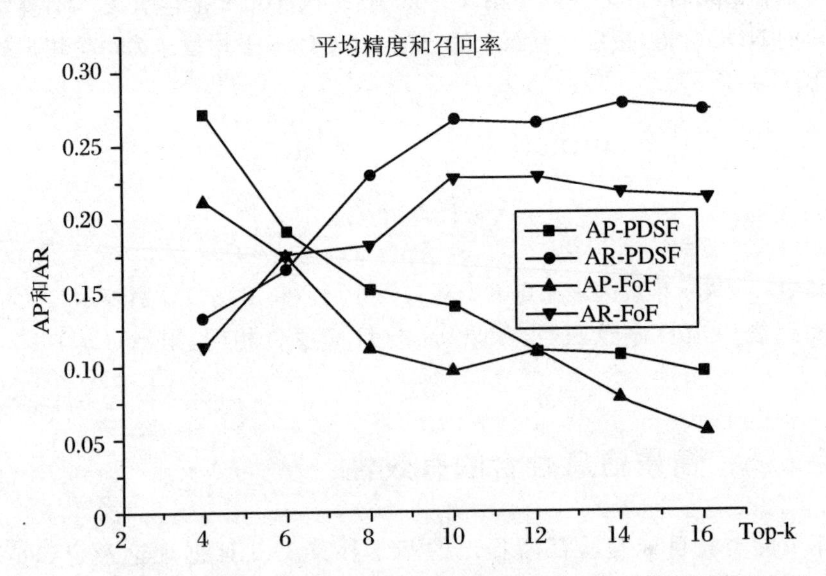

图 4.6 PDSF 方法和 FoF 方法在预备数据集上基于 AP 和 AR 指标的性能比较

根据 AP 和 AR 指标，总体上 PDSF 方法的执行效果要优于 FoF 方法。两种方法在两个指标上的趋势类似。对于平均精度 AP 指标，在 Top-k 的 k 值较小时的性能要比 k 值较大时的好。不论 k 值大小，PDSF 方法的 AP 和 AR 指标总高于 FoF 方法，这就意味着 PDSF 方法更有效。因此，使用多个情景信息源比传统方法中单个信息源更加优越。但 AP 和 AR 的绝对值都比较小，范围大概在 0.1～0.27 之间，可能是因为在预备数据集中有很多用户仅有 1～2 个好友，因而总体上平均精度和召回率较低。

4.6.4　实验对比

为了更好地评价提出的融合方案的性能，又将其与多个方法进行了比较，包括 MPopular、FoF 和 LCIT 等。其中，MPopular 作为比较的基准推荐方法，是根据生活经验基于项目(这里指用户)的流行度而建立；FoF[86] 方法是一个广泛应用的、基于社交网络图建立的好友推荐方法。这两种方法使用了 1～2 个情景信息源产生好友推荐。本书所提出的融合好友推荐方法，可看成是另一种形式的组合推荐方法，因此选择了 LCIT[86] 组合推荐方法进行比较。另外在实验比较过程中，应用了 D-S 证据理论的两种形式形成的好友推荐方法，即原始的 PDSF 方法和改进的 IDSF 方法。每一种比较方法的细节描述如下：

(1) MPopular：该方法以用户的粉丝(关注者)的数量为流行度，按流行度倒排生成好友推荐列表，流行度越大的用户越可能出现在推荐列表的前面，流行度决定了被推荐用户在推荐列表中的位置。不难想象，社交网络中很多用户很容易被那些名人所影响，会不由自主地关注他们。

(2) FoF：在很多社交网络中，如 Facebook 等，FoF 方法是非常流行和广泛应用的好友推荐方法，具有较好的推荐效果。FoF 方法基于好友的好友可能成为好友的假设生成好友推荐列表。该方法重点关注两个方面：一是好友的好友；二是共同好友的数量。

(3) LCIT：该方法主要是利用用户兴趣和社交信任关系进行线性组合，组合权重各为 0.5。用户兴趣和社交信任是社交网络中好友推荐的两个重要方面，因为用户总是倾向于和自己兴趣爱好相似的用户形成好友，并且用户大多都比较信任自己的好友。另外，Chen J 等[86] 研究发现：在社交网络中利用内容相似度，能较好地发现兴趣偏好相似的新朋友。因此，组合用户兴趣和社交信任关系的 LCIT 方法是值得对比的方法。

(4) PDSF 和 IDSF：分别表示朴素(纯)D-S 证据融合理论的好友推荐方法和改进的 D-S 证据融合理论的好友推荐方法。根据前文分析，PDSF 方法在某些情况下可能存在一定缺陷,所以本书最终采用了基于证据重要度和可靠度改进的IDSF方法来克服和避免PDSF方法的缺陷。

根据图4.6显示的结果,融合多种情景信息源对好友推荐是有效的,因为融合方法能充分利用多种有用的信息源。但是在预备实验中,平均精度和召回率指标AP和AR的值都相对较低。主要原因在于两个方面:一方面在预备数据集中,很多用户好友数量太少,仅1~2个,出现了长尾现象;另一个方面是很多用户的好友集合变化很小。为了更好地做比较,证明本章所提出的融合方法的优点,笔者仔细筛选了一个可比较的数据集。在该数据集中,大多数用户的好友数量从第一批数据集到第二批数据集都发生了变化,这样,就可以方便地为每个目标用户推荐好友并研究推荐性能。该比较数据集相关的统计信息如表4.8所示,实验结果见表4.9、表4.10、图4.7、图4.8和图4.9。

表4.8 比较数据集统计信息

统计项	统计值
用户数	604
社交边数	9481
最大粉丝数	105
最小粉丝数	1
最大偶像数	140
最小偶像数	1
信息数	56924
平均度	31.394
网络直径	9
平均路径长度	3.495

表4.9 在比较数据集上不同方法在相关评价指标上的性能比较

Top-k	PDSF		IDSF		LCIT		FoF		MPopular	
	AP-PDSF	AR-PDSF	AP-IDSF	AR-IDSF	AP-LCIT	AR-LCIT	AP-FoF	AR-FoF	AP-MP	AR-MP
4	0.38542	0.20638	**0.42593**	0.21982	0.41256	**0.24762**	0.39128	0.22989	0.17269	0.03118
6	0.34852	0.20093	**0.35967**	**0.29455**	0.30182	0.24587	0.28470	0.22630	0.12327	0.03851

续表

Top-k	PDSF		IDSF		LCIT		FoF		MPopular	
	AP-PDSF	AR-PDSF	AP-IDSF	AR-IDSF	AP-LCIT	AR-LCIT	AP-FoF	AR-FoF	AP-MP	AR-MP
8	0.35863	0.23918	**0.36688**	**0.31601**	0.19882	0.25701	0.18182	0.23646	0.11554	0.04395
10	0.31885	0.25311	**0.33148**	**0.33940**	0.16741	0.26496	0.16465	0.24509	0.10609	0.05063
12	**0.27797**	0.31488	0.27226	**0.33326**	0.15288	0.27921	0.14825	0.25099	0.09662	0.06376
14	**0.25609**	0.31837	0.25557	**0.33559**	0.14814	0.26377	0.14351	0.24473	0.08168	0.06376
16	0.23526	0.32751	**0.24022**	**0.32944**	0.13898	0.27341	0.13171	0.25291	0.06670	0.06376

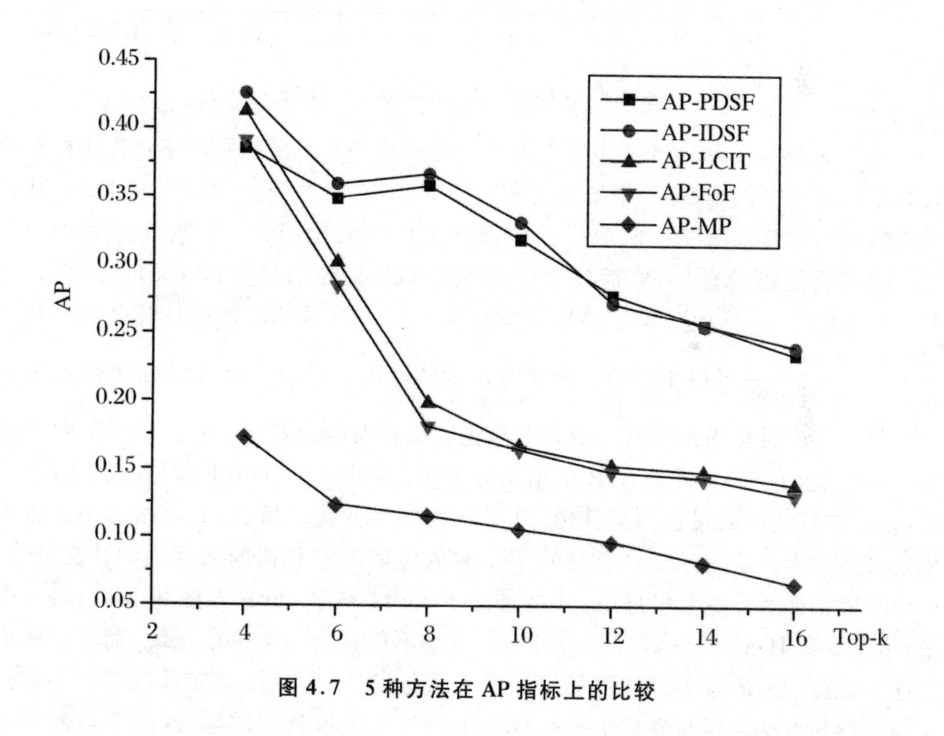

图 4.7　5 种方法在 AP 指标上的比较

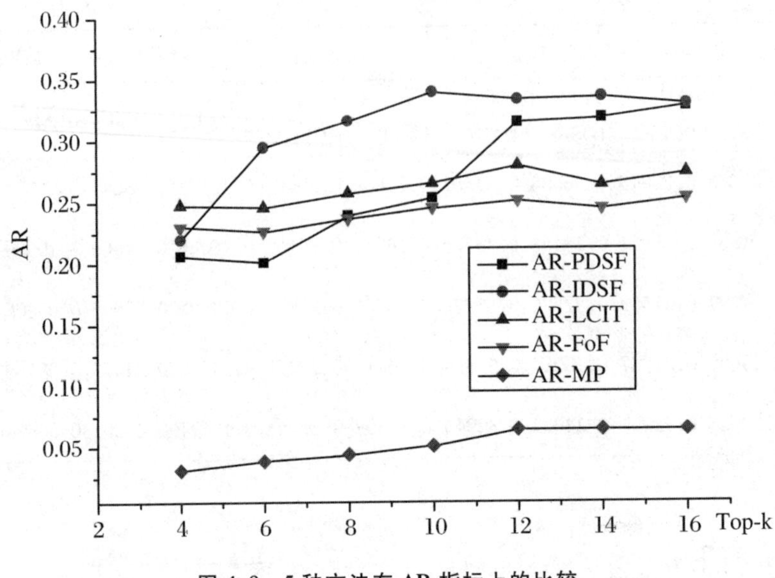

图 4.8　5 种方法在 AR 指标上的比较

表 4.9、图 4.7 和图 4.8 主要是针对平均精度 AP 和平均召回率 AR 指标的比较结果。从中可以观察到，根据精度和召回率指标，融合方法 PDSF 和 IDSF 执行效果较好。所有方法在这两个指标上都有类似的变化趋势。随着 Top-k 的值增大，AP 指标逐渐降低，AR 指标逐渐增大。Top-k 的值越大，AP 的值越低。当 Top-k 的值增大到接近 10 时，AR 指标趋向稳定。通过 AR 指标计算公式 $AR = \frac{1}{n} \cdot \sum_{i=1}^{n} \frac{N_1^i}{N_1^i + N_3^i}$ 可以了解到这种现象出现的原因。对于一个目标用户来说，公式的分母即表示目标用户所有已推荐和未推荐的好友的总数量，该值基本固定（见表 4.6 中的含义说明）。因此，AR 的值由分子 N_1^i 决定。当 Top-k 的值达到 10 左右时，推荐的好友的数量达到最佳值，几乎不再发生变化。所以，此时指标 AR 接近稳定。同时本书认为 AR 稳定时的 Top-k 的值依赖于具体的数据集和社交网络。PDSF 方法融合了多个信息源，其结果优于 LCIT 方法、FoF 方法和 MPopular 方法，但是没有 IDSF 方法好。因为，IDSF 方法不仅融合了多个信息源，而且还考虑了证据（信息源）的重要度和可靠度。FoF 虽然简单，但从结果来看也具有不错的性能。FoF 方法与用户兴趣组合生成的 LCIT 方法得到了增强，这表明虽然一些用户的好友是熟人，但用户兴趣在好友推荐中相似性度量上起着重要的作用。

表 4.10、图 4.9、图 4.10 和图 4.11 展示了利用多种情景信息源的三种好友推荐方法在指标 A-NDCG、MRR 和 MAP 上值随着 Top-k 的变化而改变的情况。这三个评价指标度量的是推荐列表的质量，从实验数据上看，它们具有相同的趋势：其值越大，推荐列表的质量越高。这意味着，三个指标的值越大，用户感兴趣的

好友越排在推荐列表的前面,推荐列表也就与目标用户更相关。三种方法在指标A-NDGG上差别较小,而在MRR和MAP上相对较大。因为指标A-NDGG使用了对数函数进行了折扣。显然,根据这三个指标,本书的融合方法优于线性组合方法LCIT。IDSF方法表现最好,尤其是在Top-k值较低时更能显现出来。

表4.10 指标A-NDCG、MRR和MAP上的实验比较结果

Top-k	IDSF			PDSF			LCIT		
	A-NDCG	MRR	MAP	A-NDCG	MRR	MAP	A-NDCG	MRR	MAP
4	**0.67268**	**0.41071**	**0.64540**	0.61542	0.23668	0.28915	0.52364	0.13619	0.18866
6	**0.64685**	**0.29988**	**0.53458**	0.57697	0.19492	0.21348	0.49825	0.12571	0.16063
8	**0.56085**	**0.23958**	**0.47427**	0.46981	0.16359	0.17751	0.41139	0.07857	0.10476
10	**0.47374**	**0.19167**	**0.37942**	0.44835	0.12530	0.18656	0.43900	0.07682	0.12571
12	**0.39797**	**0.16683**	**0.35885**	0.38983	0.07708	0.15547	0.37044	0.07275	0.13968
14	0.40295	**0.14779**	**0.34112**	**0.40873**	0.09562	0.16386	0.31165	0.06236	0.11972
16	**0.40723**	**0.13323**	**0.32977**	0.40598	0.08454	0.16948	0.29887	0.05980	0.13095

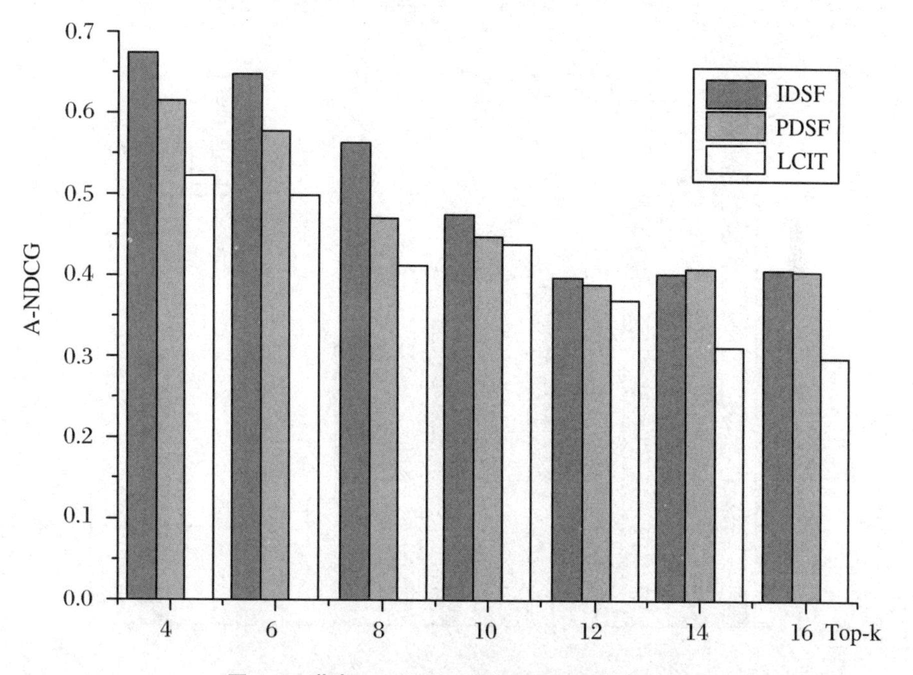

图4.9 指标A-NDCG实验结果比较柱状图

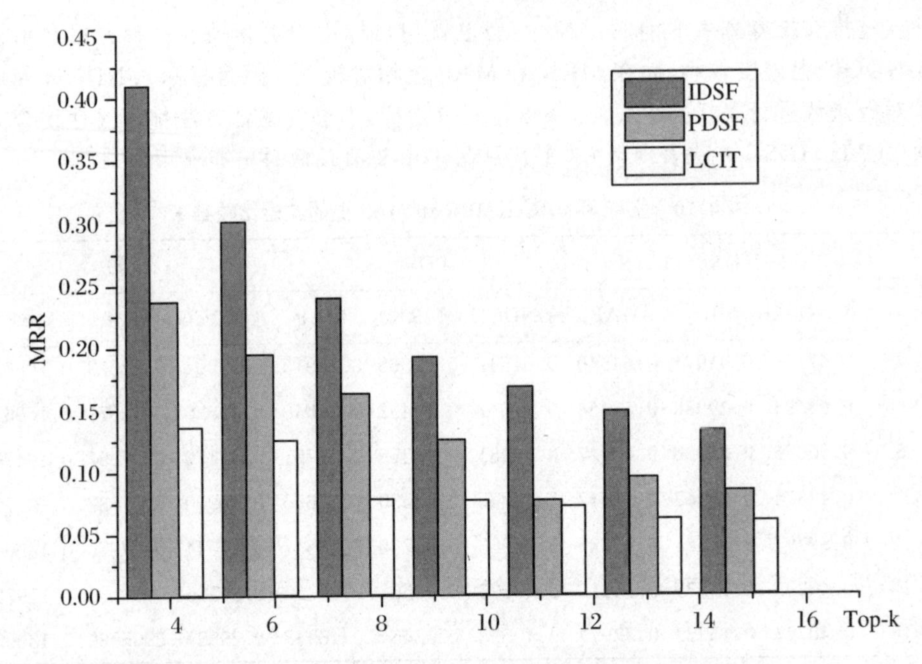

图 4.10 指标 MRR 实验结果比较柱状图

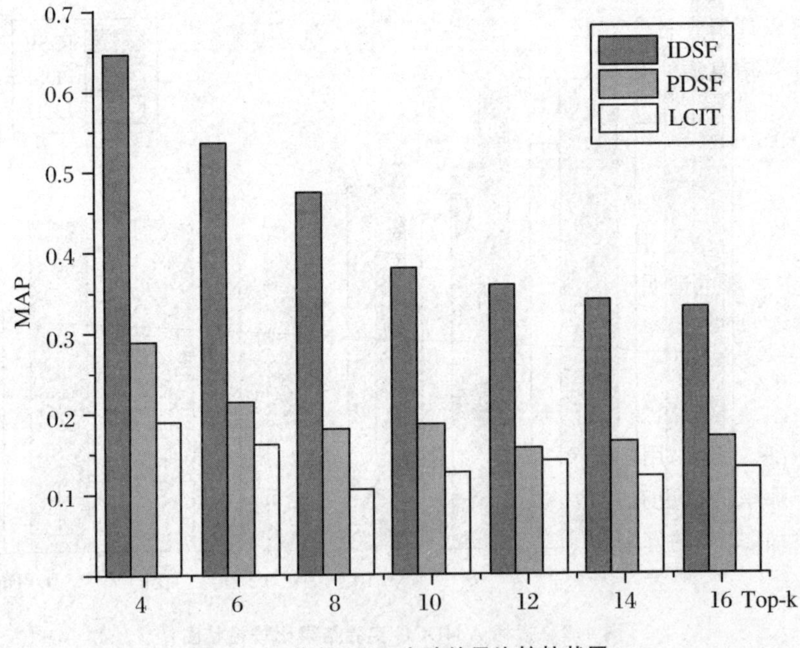

图 4.11 指标 MAP 实验结果比较柱状图

通过以上实验分析,可以看出根据所给出的 5 个评价指标,IDSF 方法的综合性能最优，这得益于多个情景信息源的融合和基于证据重要度和可靠度的 D-S 改进理论。同时，本书发现最合适的 Top-k 推荐值为 8(如表 4.8 和表 4.10 中的对应数据)，指标 AP 和 AR 达到了一个相对最好的水平，并且指标 A-NDGG、MRR 和 MAP 的值几乎也是最好的。日常经验与实际情况(用户在实际社交网络平台上选择系统推荐的好友中，通常最多只选择排在列表中的前 8 位)基本吻合。因为，更多数量的推荐会让用户感到"不舒服"，并且在 Web 页面中的布局也会占用太多的空间。

4.7 讨　　论

从实验结果来看，本书所提出的融合方法在社交网络好友推荐中获得了期望的效果。虽然还不能证明该方法是目前好友推荐方法中最佳的方法，但是在与其他方法对比方法中确实是最好的。显然，本书所提出的融合方法受益于多个信息源的融合。在好友推荐过程中，每个信息源都贡献了自身有用的信息和正面的影响。

可以理解在社交网络中，用户成为好友受到多种因素的影响，如本书所讨论的那些情景信息源。用户概况表示的是用户人口统计属性，其有相似用户概况的用户更可能成为好友。现实生活中，大多数好友都在我们的附近。因此，位置情景感知的信息在发现用户潜在好友时，起到了正面影响的作用[159]，在本章的好友推荐框架中也证明了这点。另外，本书使用预测具有相同或相似的兴趣爱好的用户可能的好友的方法。用户兴趣爱好在发现志趣相投的具有好友时具有很高的正面作用，很多学者也证明了这点。

好友推荐是社交网络中一个研究热点。社交网络犹如一张由社交关系形成的"网"。其中，用户节点位置和社交关系对于好友推荐来说是两个重要的因素。社交网络距离较近的用户更可能成为好友，因为对于目标用户来说，位置近的节点更容易达到。而且，用户影响力也影响目标用户选择好友，因为用户可以从高影响力的用户那里获得更有用和权威的信息。最后，还不能忽略用户间可传递的信任信息。例如，好友的好友成为好友的可能性更高。所有这些信息源通过改进的 D-S 证据理论在基于最小冲突原则下进行融合[190]。本书仔细选择了 7 种非常有效的情景信息源，用于提高好友推荐质量。所提出的融合好友推荐方法，在其他场景的社交网络里仍然适用，尽管有效的情景信息源依赖于具体的问题需求，且其数量的多少也不是某个确定的数字。本书所提出的方法的主要思想是找出有价值的情景信息源，并选择相应的指标进行量化。实验结果表明，通过合理地融合多个情景信息源获得的推荐效果优于现有的几种主流好友推荐方法。然而，本书没有删除部分信息源进行相同的实验来做更深入的研究。

在本书所提出的好友推荐框架中，还有两个重要的方面就是算法的效率和方法的实际应用。假设社交网络中 n_1 代表用户数量，n_2 表示情景信息源的数量。本书所提出的方法的复杂度主要包含两个方面，即 D-S 融合算法的效率和各信息源基础概率分配函数的效率。D-S 融合算法的时间复杂点为 $O(n_2^2)$，7 种情景信息源最大的复杂度为 $O(n_1^2)$。总体上，本书方法的全部复杂度最终可表示为 $K \cdot O(n_2^2) \cdot O(n_1^2)$，其中 K 是一个系数。不难看出，当 $n_2=7$ 时，$O(n_2^2)$接近于一个常数。因此，本书方法的复杂度可简化为 $O(n_1^2)$。在实际应用场景下，关键的计算是复杂度为 $O(n_1^2)$的 BPAs。庆幸的是，这些 BPAs 可以事先通过离线计算出结果，并且还可以在分布式环境下实现并行计算。因此，真正的在线计算主要是 D-S 算法本身。从上述分析可知，D-S 算法的复杂度仅为 $O(n_2^2)$。所以，对于社交网络中的具体应用，利用本书的方法进行好友推荐是非常有价值和可行的。

第5章　多源评分融合的协同过滤优化推荐

5.1 引　言

推荐系统[4]一直受到很多研究者的关注，成功地应用于各种领域，如信息检索[206]、项目推荐[42]、科学合作[207]和电子商务[20]等。其中，CF推荐方法是一种经典的优秀推荐方法，在利用评分进行项目（如产品、电影、音乐等）的推荐中，推荐效果很好。CF推荐方法分为基于内存的方法和基于模型的方法[4、20,209-210]。基于内存的方法是一种启发式方法，包含基于用户和基于项目的方法[209]；基于模型的方法是基于机器学习理论的方法[210]。基于项目和基于用户的方法都是利用了近邻思想产生评分预测。所谓的“近邻”是根据相似度寻找相似项目或相似用户。其中，相似度作为权重参与评分预测。

不难发现，基于项目和基于用户的方法都是从单个视角预测未知评分，要么从用户的角度，要么从项目的角度。内含于用户-项目矩阵中的信息，仅部分信息得到利用。传统的单信息源CF方法，由于克服矩阵稀疏性能力较差，其性能相对较低，只有少数一些基于项目的方法如Amazon[20]中的项目推荐效果较好。因此，一些研究者研究了缺失值的插补方法[37,211]，获得了较好的性能。而本书从用户-项目矩阵中内嵌的多种信息源出发，研究未知评分项目的评分预测。因此，本书提出一个多源评分融合的协同过滤优化推荐方法。

本书提出的基于多源评分集成的CF推荐框架，利用了融合的思想。在某种程度上与组合推荐方法类似，但又不同。组合推荐方法通常将基于内容的推荐方法和协同CF方法组合，采用的策略包括预融合、后融合或线性组合。本书提出的推荐框架可直接利用机器学习理论一次性学习得到融合参数，而不像现有的一些方法[37,39]需要通过多次学习、手动调节或人工选择组合参数。在现有组合推荐方法[38-40,219]中，有的是对不同方法结果的组合，有的是组合不同的推荐算法。而本书推荐框架中，通过对传统CF推荐方法的改进，融合三种不同信息源的预测评分，提出一个优化目标函数预测未知评分。通过学习目标函数的优化参数，该框架可以实现更准确的推荐。其优点是从三个不同视角，充分利用了内嵌在用户-项目评分矩阵中的信息，减少了对缺失值的依赖，并通过优化参数平衡了三种 CF 方法。

本章安排如下：首先在 5.2 节评述了现有 CF 推荐方法的研究现状；5.3 节概述了传统的协同过滤推荐方法；进而在 5.4 节提出基于多源评分融合的 CF 推荐框架；同时在 5.5 节对基于项目和基于用户的推荐方法进行了改进。为了充分利用用户和项目相关的信息源，5.6 节设计了一个基于相似项目和相似用户的新的评分预测方法 UIBCF-I。5.7 节详细讨论了多源评分融合的优化推荐方法的技术实现细节。通过 5.8 节的实验，验证了本书提出的推荐框架性能。最后，讨论和总结本章的研究工作，并提出了未来的研究方向。

5.2 相关工作

自从推荐系统产生以来，CF 推荐被认为是成功的推荐方法之一。据本书了解到的文献，Tapestry 系统[212]是最早应用 CF 方法的推荐系统。基于用户的 CF 方法[41,212-213]和基于项目的 CF 方法[20,43,211]最为典型。无论在学术界还是在工业界，CF 方法都得到了广泛的研究和应用，如著名的 Amazon 网站就是一个成功地运用基于项目的 CF 方法的电子商务网站。作为一个典型 Amazon 网站应用[20]，基于项目的 CF 方法成功地为用户推荐图书。

为了提高推荐精度，很多学者尝试利用不同相似度计算方法，去度量用户或项目的相似性，以求来改进 CF 方法。Breese J S 等[41]通过基于相关系数算法、向量算法和统计贝叶斯算法度量相似度，比较了不同相似度算法下的预测精度。Choi K[44]认为，在搜索目标用户近邻时，应该考虑目标项目与每个有共同评分的项目之间的相似度，为此提出了一个新的相似度函数用于选择目标项目邻居。其他相似度计算方法，如计算项目相似度的基于条件概率的算法[43]，计算用户相似度的遗传算法[214]，也得到较多的应用。好的相似度度量方法可增强 CF 方法，在某种程度上确实提高了推荐精度。但它们对数据集的质量非常敏感，如数据的稀疏性等。

虽然 CF 方法得到了成功的应用，但数据稀疏性仍然是一个巨大的挑战，严重影响了预测精度。在用户-项目评分矩阵中，大部分数据都是缺失的。因此，现有文献提出很多解决数据稀疏性的方案。最简单的方法[211]就是使用 0 值或项目的平均评分进行填补。很显然，这两种方法存在算法过于粗糙、不够准确和低可信度的缺点。后来，出现了一些相对较好的方法，如基于矩阵因子分解的维度约简方法[215,218]、基于预评分的插值方法等[37,46]。比如，Paterek A[215]提出将改进的正则化奇异值分解理论用于 CF 方法，实现了对用户-项目评分矩阵的 K 维约简。Ma H 等[37]考虑与数据缺失的项目相关的相似用户和相似项目集合来估计缺失评分，获得了比传统基于用户的 CF 方法、基于项目的 CF 方法、SF[216]方法、基于聚类和平滑的 PCC 方法[48]等更好的推荐效果。Ghazanfar MA 等[46]在基于奇异值分解的推荐系统中，通过仔细选择插补源，综合研究了缺失值的插补方法。但是这些插值源，仍然不能很好地解决数据稀疏性问题。近年来，通过与用户或项目相关的其他信息，如用户间的信任或不信任关系，用来缓解用户-项目矩阵的稀疏性。如在与开放数据集 Epinions[218,48]相关的一些研究中，很多利用信任或不信任信息进行推荐。还有一些信息，如社交网络中的好友关系、社会影响力等[144]也用于研究缓解数据稀疏性问题。这些额外的信息的确能在一定程度上缓解数据稀疏性问题，但并不是在所有推荐问题中都能获取到这样的信息（如 MovieLens 数据集等），除非像社交网络环境中那样，可以获取更多的信息。很显然，在推荐过程中能利用到的信息依赖于具体领域问题。所以，在本书提出的集成优化推荐框架中，主要考虑了项目的语义信息和内嵌在用户-项目矩阵中的信息来缓解数据稀疏性问题。

除了上述几种方法改进 CF 外，还有一个重要的改进途径即，组合过滤方法。也就是将其他一些推荐方法与 CF 结合生成组合推荐方法。例如，Lu Z 等[38]将基于内容过滤的方法和 CF 方法组合，提出的 CCF 方法用于 Bing 中的新闻主题推荐。在电商领域，Song RP 等[39]考虑基于人口统计信息的推荐技术与 CF 算法组合，提出一个提高推荐精度的组合算法。Ma H 等[37]在基于缺失值预测的基础上，提出一个基于项目和基于用户方法的线性组合方法，通过找到合适的组合参数来提高推荐效果。针对加权模式改进推荐质量的问题，Moin A 等[40]提出特征加权模式改进基于近邻的协同过滤算法的预测精度，但增加了计算的复杂度。从优化的角度，Nilashi M[221]基于多个标准提出 CF 的组合推荐方法，包括 ANFIS 推理系统、SOM 聚类等，提高了传统 CF 方法的预测精度。组合推荐方法吸取了多种方法的优点，确实提高了推荐精度，在一定程度上，缓解了数据稀疏性问题和冷启动问题，尤其是基于内容的方法和 CF 方法的组合，效果较为明显。本书也利用相似思想，但又有所不同。主要不同在于本书利用基于内容的方法改进基于项目的 CF 方法。

综上所述，CF 方法成功地应用于各种推荐领域，有很多改进方法，主要集中在相似度的改进和不同类型算法的组合。CF 方法最大的挑战是精度和效率，本章重点研究基于三种类型评分的 CF 集成优化方法来提高预测精度。其中，三种类型的评分分别来自三个不同的信息源，即基于用户的预评分、基于项目的预评分和基于用户与项目的预评分。本章通过实验，验证了所提出的集成优化 CF 方法精度更高、效果更好，且具有更强的解释性。同时，该方法还可以很容易地并行化，从而提高运行效率。

5.3 传统的协同过滤推荐

基于项目和基于用户的协同过滤推荐方法利用了相似的原理预测用户-项目评分矩阵中的未知评分。首先通过相似度寻找目标项目或用户的近邻，再将近邻中的元素与目标项目或目标用户的相似度作为权重，利用近邻所具有的已知评分预测未知评分。最后，根据预测评分生成 Top-k 推荐列表。

假设给定用户-项目评分矩阵 R，包含 M 个用户，N 个项目。其中，只有一小部分已知评分，绝大部分元素评分未知。下面具体介绍基于项目和基于用户的 CF 推荐方法。

5.3.1 基于项目的 CF 方法

基于项目的 CF 方法的关键是通过相似度找到目标项目的相似项目集合。假设在用户-项目评分矩阵 R 中要预测未知评分的元素为 $r_{i,j}$，对应目标用户为 i，目标项目为 j。首先根据公式(5.1)计算目标项目 i 与其他项目的余弦相似度，再选择 Top-k 个最相似的项目，最后未知元素的评分 $r_{i,j}$ 可根据公式(5.2)计算：

$$sim^{I}(k,j) = \frac{I_k \cdot I_j}{||I_k|| \cdot ||I_j||} \tag{5.1}$$

$$\hat{r}_{i,j} = \bar{r}_{I_j} + \frac{1}{\sum_{k=1}^{K} sim^{I}(k,j)} \sum_{k=1}^{K} sim^{I}(k,j) \cdot (r_{i,j} - \bar{r}_{I_j}) \tag{5.2}$$

其中，I_k 和 I_j 为项目 k 和 j 对应的项目评分向量，$\bar{r}_{I_j}$ 和 $\bar{r}_{1_j}$ 分别表示项目 k 和 j 的平均评分，因此，可以利用 K 个近邻项目进行未知元素的评分预测，即计算 $\hat{r}_{i,j}$。

5.3.2 基于用户的 CF 方法

基于用户的 CF 方法与基于项目的 CF 方法类似，但计算的是用户间的相似度而不是项目的相似度。假设在用户-项目评分矩阵 R 中要预测未知评分的元素为 $r_{i,j}$，对应目标用户为 i，目标项目为 j。首先根据公式(5.3)计算目标用户 i 与其他用户的余弦相似度，再选择 Top-k 个最相似的用户，则未知元素的评分 $r_{i,j}$ 可根据公式(5.4)计算：

$$sim^U(k,i) = \frac{U_k \cdot U_i}{||U_k|| \cdot ||U_i||} \tag{5.3}$$

$$\hat{r}_{i,j} = \bar{r}_{u_i} + \frac{1}{\sum_{k=1}^{K} sim^U(k,i)} \sum_{k=1}^{K} sim^U(k,i) \cdot (r_{k,j} - \bar{r}_{u_k}) \tag{5.4}$$

其中，U_k 和 U_i 为用户 k 和 i 对应的用户评分向量，$\bar{r}_{u_i}$ 和 $\bar{r}_{u_k}$ 分别表示用户 i 和 k 的平均评分，因此，可以利用 K 个近邻用户计算未知元素的预测评分 $\hat{r}_{i,j}$。

5.4　CF 融合优化推荐框架

本章提出的 CF 融合优化推荐框架 INTE-CF，集成了三种信息源下的评分，如图 5.1 所示。该框架包含了四个核心的部分：① 利用项目内外部相似度融合改进基于项目的 CF 方法，生成从项目视角得到的第一类预评分；② 从用户-项目矩阵中抽取用户兴趣模型改进基于用户的 CF 方法，生成从用户视角得到的第二类预评分；③ 同时从项目和用户两个视角分析相似项目和相似用户特征，提出组合预评分模型，生成第三类预评分；④ 融合三类预评分，建立目标优化函数 f，生成 CF 优化推荐模型，通过样本数据训练学习优化参数。最后，在 CF 优化推荐框架下，预测目标用户未知元素评分，生成推荐列表，后续各节详细讨论对应部分的内容。

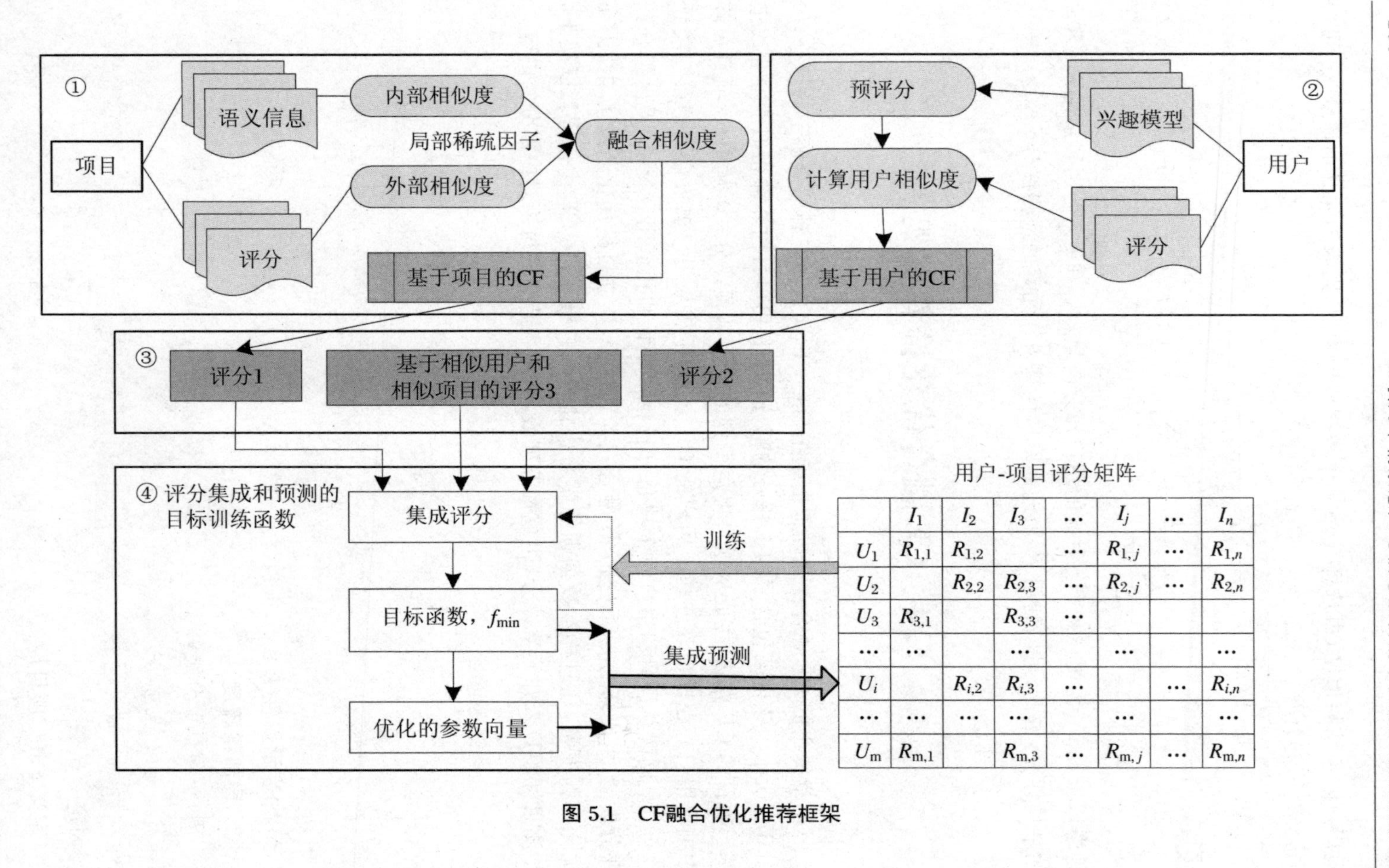

图 5.1 CF融合优化推荐框架

5.5　基于项目和基于用户的 CF 方法的改进

本节主要讨论基于项目的 CF 方法和基于用户的 CF 方法的改进。其中，在基于项目的 CF 改进方法中，主要利用两类项目相似度，即内部相似度和外部相似度；基于用户的 CF 改进方法中，主要利用用户兴趣模型。

5.5.1　基于项目的 CF 方法改进

1. 项目相似度

基于项目的 CF 方法的性能部分依赖于项目间相似性的计算方法。根据辩证法原理，事物间相关性由内部因素和外部因素共同决定。在传统（标准）的基于项目的协同过滤方法（Item-Based CF，IBCF）中，根据评分矩阵中的项目评分计算项目间的相似度，是从外部因素即用户对项目的评价角度进行度量的。实际上，项目间的相似度很大程度上受到项目本身的一些内部因素如项目的属性等的影响。也就是说，项目间相似度依赖于项目内部因素和外部因素。本书设定，项目的内部因素为项目特征属性。项目特征依据不同对象而不同，例如对于电影，其项目特征为类别特征，产品项目的特征为外观、颜色、价格、质量好坏等。本章后续实验中，以电影作为推荐项目进行相关实验。因此，有必要同时考虑这两个方面的因素来度量电影项目间的相似性。为方便起见，由内部因素度量的项目相似度简称为内部相似度，由外部因素度量的项目相似度为外部相似度。内外相似度计算方式如下：

$$sim_{\text{out}}^{I}(i,j) = \frac{I_i \cdot I_j}{||I_i|| \cdot ||I_j||} \tag{5.5}$$

$$sim_{\text{in}}^{I}(i,j) = \sum_{k=1} \phi(k)\, sim(\Theta(k),i,j) \tag{5.6}$$

其中，Θ 表示项目特征属性集，$sim(\Theta(k),i,j)$表示项目 i 和 j 在属性 k 上的相似度，$\phi(k)$表示属性 k 的在整个属性集中的权重。

2. 局部稀疏度

用户-项目评分矩阵通常非常稀疏，可以用稀疏度（或全局稀疏度）进行描述，即未知评分元素的数量与所有元素数量的比值。不同于全局稀疏度，本章定义了一个项目局部稀疏度，从项目局部视角描述具有共同评分情况下的项目数据稀疏度，如定义 5.1。

定义 5.1　项目局部稀疏度：对于项目 i 和 j，U_i^I 和 U_j^I 分别表示所有对项目 i

和j进行过评分的用户集合，则项目i和j的局部稀疏度定义为

$$SP_{i,j}^{I} = 1 - \frac{|U_i^I \cap U_j^I|}{|U_i^I \cup U_j^I|} \tag{5.7}$$

3. 内外相似度融合

根据上文分析，将项目的内外相似度进行融合，刻画项目间的相似性是合理的。在融合过程中，可利用项目局部稀疏度平衡内部相似度和外部相似度。本章利用 sigmoid 函数融入项目局部稀疏度，定义了一个融合权重函数：

$$f(SP_{i,j}^{I}) = \begin{cases} \dfrac{1}{1 + e^{-SP^I}} & 0 \leqslant SP_{i,j}^{I} < 1 \\ 1 & SP_{i,j}^{I} = 1 \end{cases} \tag{5.8}$$

显然，由于$SP_{i,j}^{I}$介于0～1之间，可推导出权重函数值介于0.5～1之间，保证了项目间的最终相似度中包含内部相似度，符合实际情况。因为，实际情况中内部相似度总会在项目间的相似性中产生作用。当局部稀疏度$SP_{i,j}^{I}$等于0时，两个项目具有完整的用户共同评分，权重函数值$f(SP_{i,j}^{I})$为0.5，意味着内外相似度各占0.5，具有相同的权重；当局部稀疏度$SP_{i,j}^{I}$等于1时，两个项目没有任何共同用户评分，权重函数值$f(SP_{i,j}^{I})$为1，此时两个项目的相似性完全依赖于内部相似度。如果按照传统的度量方法，则两个项目相似度为0，显然不合理。所以，本章定义了在基于权重函数上的项目融合相似度：

$$sim^{I}(i,j) = f(SP_{i,j}^{I}) \times sim_{\text{in}}^{I}(i,j) + (1 - f(SP_{i,j}^{I})) \times sim_{\text{out}}^{I}(i,j) \tag{5.9}$$

项目的最终相似度体现了项目内外因素，有效地缓解了用户-项目评分矩阵的稀疏性，同时还能克服基于项目的 CF 方法中项目冷启动问题，且通过权重函数$f(SP^I)$控制了内外因素间平衡。因此，项目融合相似度可用于改进传统的基于项目的 CF 推荐方法 IBCF。为方便记录，本章将改进后的基于项目的 CF 方法记为 IBCF-I(Item-Based CF Based on Improvement by Item Fusion Similarity)。

5.5.2 基于用户的 CF 方法改进

传统的基于用户的 CF 方法(User-Based CF，UBCF)具有一定的精度，但仍有可提升的空间。传统的基于用户的 CF 方法关键是找到目标用户高质量的近邻，因此用户相似度计算很重要。但是由于用户-项目评分矩阵极其稀疏，使得一些相似度计算方法，如余弦相似度等结果很小，区分度低，甚至有时不太准确，不利于度量用户间的相似性。为此，Deng A L 等[211]提出一个预评分的方法缓解这种数据稀疏性带来的不良结果，获得了较好的效果。但是他们的方法仍然是通过搜索整个项目空间，利用项目评分计算项目相似度，因此预评分过程仍然受限于评分数据的稀疏性，该方法本质上没有解决数据稀疏性问题。本书提出了一个基于用户项

目兴趣模型(User-Item-Interest Model,UIIM)的预评分模型(Preliminary Rating Model,PRM)来克服数据稀疏性问题,该方法称为UBCF-I。首先从用户-项目评分矩阵中提取UIIM,并利用UIIM建立预评分模型PRM;接着,利用用户已知评分和预评分计算用户的相似度,进而可找到目标用户Top-k的近邻;最后,应用高质量的用户近邻改进传统的基于用户的CF方法。下面具体讨论改进的UBCF-I方法。

1. UBCF-I方法

在UBCF-I方法中,不同于传统的用户兴趣模型,UIIM基于KNN聚类方法是利用项目内部相似度建立的。对于一个用户,通常情况下对相似项目具有相似的评分。因此,用户的评分项目可以根据项目内部相似度聚成k类,找到与待预测评分元素对应项目的最近类,然后,利用最近类进行项目预评分。通过预评分,用户间就具有更多的共同评分,进而可以较为有效地计算用户间的相似度,相对传统的计算方式具有更高的准确性。详细过程如下:

假设I_p表示用户u_p的已知评分的项目集合,I_q表示用户u_q的已知评分的项目集合;$I_{p,q}^{\cup}$表示I_p和I_q的并集,$I_{p,q}^{\cap}$表示I_p和I_q的交集,即$I_{p,q}^{\cup}=I_p\cup I_q$,$I_{p,q}^{\cap}=I_p\cap I_q$。那么用户$u_p$和$u_q$的未知评分项目集合$N_p$和$N_q$,可表示为$N_p=I_{p,q}^{\cup}-I_p$和$N_q=I_{p,q}^{\cup}-I_q$。$N_p$和$N_q$的预评分类似,这里以$N_p$为例。假设项目$I_j\in N_p$,则预评分过程如下:

(1) 针对用户u_p的评分项目集I_p,利用项目内部相似度和KNN方法将项目集合划分成k类;

(2) 计算项目I_j与k个类的语义距离,按升序排列,与项目I_j距离最近的类作为最近邻,即I_n;

(3) 根据公式(5.10)利用最近邻I_n计算用户u_p对项目I_j的预评分

$$R'_{p,j}=\frac{\sum_{l\in I_n} sim^I(j,l)\times R_{p,l}}{\sum_{l\in I_n}|sim^I(j,l)|} \tag{5.10}$$

经过预评分后,用户u_p和u_q的项目并集$I_{p,q}^{\cup}$中每个元素均有评分,这些评分要么是预评分,要么是已知评分。这样,用户u_p和u_q的相似度就可以使用共同评分集$I_{p,q}^{\cup}$进行度量。最后,利用新的用户相似度改进基于用户的CF方法即为UBCF-I方法。

2. UBCF-I方法的讨论

由于应用了UIIM模型,改进的UBCF-I方法具有以下优点:

(1) 在一个较小范围而不是整个项目空间搜索相似项目计算预评分,因为某个元素的预评分依据UIIM仅使用了与其最相关的那部分项目;

(2) 避免了数据稀疏问题,尤其是两个用户有很多评分,但共同评分却很少的情况,UBCF-I 通过预评分填补了两个用户的全部评分。

虽然 UBCF-I 有上述这些优点,但本书未深入研究十分严重的用户冷启动问题,因为用户在几乎没有任何评分的情况下,只有借助额外的信息才能解决用户冷启动问题,如社交信息[144-145]、信任关系[48,218]等,但在传统的数据集如 MovieLens 中缺少这些信息。因此,本书没有考虑这些额外的信息研究用户冷启动问题。在本书后续实验中,对那些具有冷启动问题的用户评分项目聚类显然无效,因而借鉴参考文献[18]采用项目的平均评分作为冷启动下的项目预评分。

5.6　基于相似用户和相似项目的评分

IBCF-I 方法和 UBCF-I 方法分别从相似用户和相似项目视角进行预测评分,但是仅依赖其中一个信息源仍然存在欠缺[42,210]。因此,有必要同时考虑相似用户与相似项目信息进行评分预测,这样可以提供更多、更精确的有效信息。相似用户对相似项目有相似评分,为评分预测提供了新的有用信息。那么,在评分预测过程中如何同时充分利用相似用户和相似项目成为关键。首先,根据用户相似度和项目相似度重排用户-项目评分矩阵;再在重排矩阵的基础上通过组合用户相似度和项目相似度进行评分预测。最后,利用基于二维坐标系的合成相似度建立 CF 推荐方法 UIBCF-I,其原理如图 5.2 所示。

图 5.2 分为两个部分,即(a)和(b)。其中,(a)表示原始的用户-项目评分矩阵;(b)表示在二维坐标系中,经过重排后的用户-项目评分矩阵,即原始用户-项目评分矩阵在二维坐标系中的映射。横轴表示项目信息,纵轴表示用户信息,用户-项目评分矩阵中各元素与坐标系中的点相对应。所有用户和项目都根据坐标系中目标点(元素)对应的用户和项目的相似度进行降序排列,如图中的问号对应的点即为目标用户 U_i 和目标项目 I_j。选取 Top-k 个最相似的用户 U_{ss} 和 Top-m 个最相似的项目 I_{ss},则未知元素的预评分可根据公式(5.11)利用合成相似度计算:

$$R_{ss}^{p}(i,j)=\frac{\sum_{k\in U_{ss}}\sum_{m\in I_{ss}}sim^{SS}(i,j,k,m)\cdot R(k,m)}{\sum_{k\in U_{ss}}\sum_{m\in I_{ss}}sim^{SS}(i,j,k,m)} \tag{5.11}$$

	I_1	I_2	I_3	…	I_j	…	I_n
U_1	$R_{1,1}$	$R_{1,2}$		…	$R_{1,j}$	…	$R_{1,n}$
U_2		$R_{2,2}$	$R_{2,3}$		$R_{2,j}$		$R_{2,n}$
U_3	$R_{3,1}$		$R_{3,3}$	…		…	
…	…		…		…		…
U_i		$R_{i,2}$	$R_{i,3}$	…	?	…	$R_{i,n}$
…	…	…	…		…		…
U_m	$R_{m,1}$		$R_{m,3}$	…	$R_{m,j}$	…	$R_{m,n}$

(a) 原始用户-项目评分矩阵

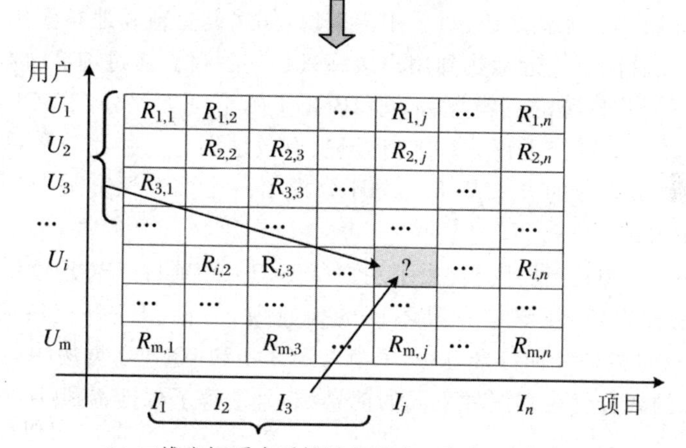

(b) 二维坐标系中垂排法的用户-项目评分矩阵

图 5.2　UBICF-I 评分预测原理图

其中，sim^{SS}表示相似用户相似项目的合成相似度，其合成方式如下：

$$sim^{SS}(i,j,k,m) = \lambda_1 sim^{U}(i,k) + \lambda_2 sim^{I}(j,m) \tag{5.12}$$

λ_1 和 λ_2 为调节参数，可通过多种方式确定，如平均分配各取 0.5 或手工调节等，这里采用了它们在合成相似度中的贡献度来分配 λ_1 和 λ_2 的值，即

$$\lambda_1 = \frac{\sum sim^{U}(i,k)}{\sum sim^{U}(i,k) + \sum sim^{I}(j,m)},\lambda_2 = \frac{\sum sim^{I}(j,m)}{\sum sim^{U}(i,k) + \sum sim^{I}(j,m)}$$

显然，$\lambda_1 + \lambda_2 = 1$，且合成相似度充分利用相似用户和相似项目信息。例如，假设用户 k 与目标用户的相似度为 0.4，项目 m 与目标项目的相似度为 0.3，且 $\lambda_1 = 0.6$，$\lambda_2 = 0.4$，则根据公式(5.12)可计算合成相似度 $sim^{SS}(i,j,k,m) = 0.36$。

最终的合成相似度 $sim^{SS}(i,j,k,m)$介于 $sim^{U}(i,k)$和 $sim^{I}(j,m)$之间。

5.7 CF 优化推荐

5.7.1 概述

推荐算法的核心是基于用户现有可观察到的信息,如评分等预测用户最可能喜欢(接受)的项目。也就是说,对于用户来说,如果能更精确地预测用户对未知项目的评分,那么就能更接近地找到用户最感兴趣的项目。通过前文分析,已经得到了来自三种不同信息源的三类评分,即 IBCF-I 的第一类评分、UBCF-I 的第二类评分和 UIBCF-I 的第三类评分。如何合理、有效地融合三种评分是一个挑战。为此,本书利用参数学习的方法基于三类评分提出一个多源评分融合的 CF 优化推荐模型 INTE-CF。

在 INTE-CF 中,三种评分代表了用户(UBCF-I)、项目(IBCF-I)和用户与项目(UIBCF-I)三种视角,意味着三种不同的信息源,它们相互补充和协调。其中,UIBCF-I 可以看成是一种背景方法,平滑 UBCF-I 和 IBCF-I 方法的预测评分。因此,三类评分的融合代表着三种不同的信息源,且缓解了数据稀疏性。

5.7.2 符号

$U=\{u_1,u_2,\cdots,u_m\}$表示 m 个用户的集合,$I=\{i_1,i_2,\cdots,i_n\}$表示 n 个项目的集合,r_{ui},$\hat{r}_{ui}$表示用户 u 在项目 i 上的评分和预评分,$\hat{r}_{ui}^{(1)}$,$\hat{r}_{ui}^{(2)}$,$\hat{r}_{ui}^{(3)}$分别表示根据 IBCF-I、UBCF-I 和 UIBCF-I 方法预测的用户 u 的预评分,$\vec{\hat{r}}_{ui}$表示由$\hat{r}_{ui}^{(1)}$,$\hat{r}_{ui}^{(2)}$,$\hat{r}_{ui}^{(3)}$组成预评分向量,$\mathrm{R}\in\Re^{m\times n}$表示可观察到的评分组成的矩阵,$w=(w_1,w_2,w_2)$表示参数向量。为方便起见,$S_u^*\subseteq U\times I$ 表示用户 u 可观察到的用户-项目集合。

5.7.3 融合优化

本节讨论利用三种信息源获得预评分 $\hat{r}_{ui}^{(1)}$,$\hat{r}_{ui}^{(2)}$,$\hat{r}_{ui}^{(3)}$进行融合生成优化的 CF 推荐模型,如下:

$$\hat{r}_{ui}=\hat{r}_{ui}^{(1)}\times w_1+\hat{r}_{ui}^{(2)}\times w_2+\hat{r}_{ui}^{(3)}\times w_3=\hat{\boldsymbol{r}}_{ui}\boldsymbol{w}^{\mathrm{T}} \tag{5.13}$$

显然，关键是确定最合适的参数向量 $\vec{w}$，该问题本质上是公式(5.14)的最小化优化问题：

$$\min_{\vec{w}}(l(r_{ui},\hat{r}_{ui})+\Re(\vec{w})) \tag{5.14}$$

其中，$l(r_{ui},\hat{r}_{ui})$是一个损失函数，度量了用户对项目的观察评分与预评分间的差异，$\Re(\vec{w})$为正则化函数，惩罚模型的过拟合。

模型的训练目标是使预评分 $\hat{r}_{ui}$ 尽可能接近可观察评分 r_{ui}，较为实用和优质的损失函数可采用平方差损失函数，如下：

$$l(r_{ui},\hat{r}_{ui})=\frac{1}{2}\sum_{(u,i)\in S_u^*}(r_{ui}-\hat{r}_{ui})^2 \tag{5.15}$$

当然，还有其他一些形式的损失函数[45,222]，如参考文献[45]用于序数评分的铰链损失函数(Hinge Loss Function)等。考虑到平方差损失函数简单且易实现，这里采用了平方差损失函数。

根据 Koren Y 在参考文献[223]中的理论，本书采用 Forbenius 范数建立正则化函数 $\Re(\boldsymbol{w})$，且光滑可导，如下：

$$\Re(\boldsymbol{w})=\frac{1}{2}\lambda||\boldsymbol{w}||_{\mathrm{F}}^2 \tag{5.16}$$

其中，参数 $\lambda\geqslant0$ 用于控制正则化强度，平衡模型训练误差与模型复杂度。因此，重建模型如下：

$$\begin{aligned}f(\hat{\boldsymbol{r}}_{ui},\boldsymbol{w})&=\min_w(l(r_{ui},\hat{r}_{ui})+\Re(\boldsymbol{w}))\\&=\frac{1}{2}\min_w\Big(\sum_{(u,i)\in S_u^*}(r_{ui}-\hat{\boldsymbol{r}}_{ui}\boldsymbol{w}^{\mathrm{T}})^2+\lambda||\boldsymbol{w}||_{\mathrm{F}}^2\Big)\end{aligned} \tag{5.17}$$

将公式(5.17)进一步变换，得到

$$\begin{cases}f_{min}=\dfrac{1}{2}\Big(\sum_{(u,i)\in S_u^*}(r_{ui}-\hat{\boldsymbol{r}}_{ui}\boldsymbol{w}^{\mathrm{T}})^2+\lambda||\boldsymbol{w}||_{\mathrm{F}}^2\Big)\\||\boldsymbol{w}||_{\mathrm{F}}^1=1,w_j\geqslant0,j\in\{1,2,3\}\end{cases} \tag{5.18}$$

该模型的训练问题是一个带约束的动态规划问题。为加速优化过程，这里采用随机梯度下降(Stochastic Gradient Descent，SGD)的学习方法训练参数，具体优化过程如表5.1所示。算法的输入为用户-项目评分矩阵R、误差 ε 和预评分向量$\vec{\hat{r}}_{ui}[]$，输出为融合优化参数 $\vec{w}=(w_1,w_2,w_3)$。

表 5.1 INTE-CF 模型优化

算法 5.1:INTE-CF 模型优化
输入:$R, \varepsilon, \hat{r}_{ui}[\,]$ 输出:$w=(w_1, w_2, w_3)$ 开始 初始化向量 $w=(0.333, 0.333, 0.334), k\leftarrow 1, f^{(0)}=0$; 计算 $f(1)$的值; while$\lvert f^{(k)}-f^{(k-1)}\rvert>\varepsilon$; $k\rightarrow k+1$; $s_1^{(k)}\leftarrow -\frac{\nabla f(w_1)}{\lvert\lvert\nabla f(w_1)\rvert\rvert}, s_2^{(k)}\leftarrow -\frac{\nabla f(w_2)}{\lvert\lvert\nabla f(w_2)\rvert\rvert}$; $w_1\leftarrow w_1+\alpha_k s_1^{(k)}, w_2\leftarrow w_2+\alpha_k s_2^{(k)}$; //$\alpha_k$ 是学习参数 $w_3\leftarrow 1-w_1-w_2$; 计算 $f^{(k)}$ 的值; end 返回 vector $w=(w_1, w_2, w_3)$ 结束

5.8 实验验证

为验证本章所提出的融合优化模型 INTE-CF,在经典数据集 MovieLens① 上进行了实验。MovieLens 数据集包含了 943 个用户,1682 部电影(项目)和 100000 项评分(1～5 分),全局稀疏度为 0.93695,每个用户至少 20 项评分。为了有效验证 INTE-CF 模型,执行了 4 组实验,分别包含 200、400、600 和 800 个用户极其相关的评分数据,每次实验使用了 10 折交叉验证的方法。这样划分数据集的主要目的是找出在不同数据集大小和稀疏度下优化参数的差异。总之,整个实验目的包括两个方面:一是验证 INTE-CF 模型的预测精度;二是找出不同特征数据集下优化参数的差异。

---

① http://www.grouplens.org/.

5.8.1　实验准备

实验之前需要对数据集中的电影(项目)信息进行语义特征描述,便于计算电影相似度。电影的类别信息反映了重要信息,因此这里将电影类别信息作为其重要特征。电影的类别共有20种,每部电影类别有多个值,来自20种的某几种,比如戏剧、动作和喜剧等。通常情况下,一部电影的不同类别含有不同的重要度,排在前面的类别称为主要类别。比如,数据集中的电影“Copycat”[224]类别信息为“Crime/Mystery/Thrill/Drama”,仅包含4种类别,其他类别没有出现。其中,Crime占该电影类别的主导地位;Mystery次之,以此类推。为进行量化,本书借鉴了参考文献[224]中类高斯函数的方法,如公式(5.19)所示:

$$\mu(g_i, I_j) = r_i / 2^{\sqrt{\alpha \times N_j \times (r_i - 1)}} \tag{5.19}$$

其中,g_i 表示电影 I_j 的第 i 个类别,N_j 表示所出现的电影类别的总的数量,r_i 表示在电影 I_j 类别中 g_i 所出现的位置(序数)且 $1 \leqslant r_i \leqslant N_j$,未出现的类别的序数为0,$\alpha > 0$ 是一个常量阈值,控制各类别在电影项目中的重要度差异。这里 α 取值为1.2可以取得很好的效果[224]。数据集中电影类别信息来自于著名的电影评论网站IMDB,也是一个有名的在线电影信息数据库①。

5.8.2　评价标准

为了评价预评分的精度,一个常用的、经典的评价标准[144][202]即平均绝对误差MAE(Mean Absolute Error),度量了真实评分与预评分之间的差异。因此,本书使用MAE标准度量优化模型INTE-CF与其他CF方法的预评分质量,并进行对比。MAE的计算方法如下:

$$\mathrm{MAE} = \frac{\sum_{(u,i) \in R_{\text{test}}} |r_{u,i} - \hat{r}_{u,i}|}{|R_{\text{test}}|} \tag{5.20}$$

其中,R_{test} 表示测试集中的用户-项目对(u, i)集合,MAE值越小,表示性能越好。

5.8.3　预备实验

在进行INTE-CF模型相关实验前,先设计了一个预备实验,其目的是验证本书所提出的CF改进方法即IBCF-I和UBCF-I的有效性。随机选择了MovieLens数据

① http://www.imdb.com/.

的一半数据作为预备实验数据集，其中 20% 为预测的测试集，80% 为训练集。该数据集包含 444 个用户，1605 项评分，稀疏度为 0.9298，结果如图 5.3。

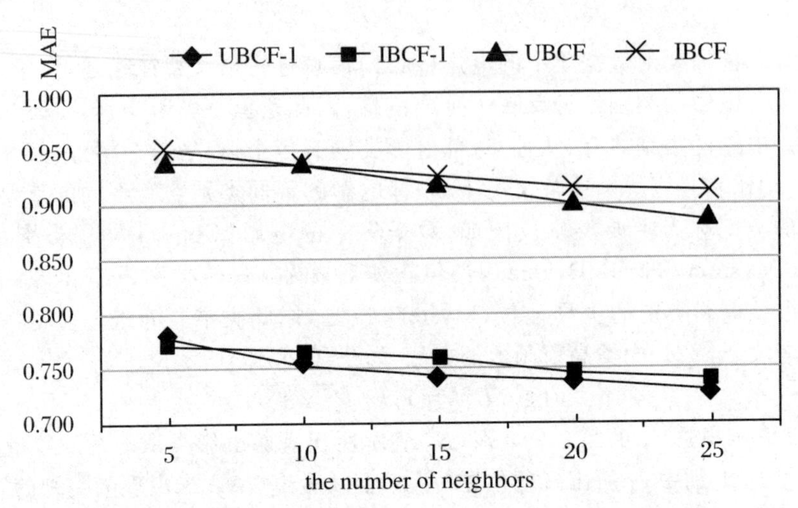

图 5.3 改进 CF 方法与传统的 CF 方法在 MAE 上的比较

从图 5.3 可观察到，总体上相对传统的 IBCF 和 UBCF 方法，UBCF-I 和 IBCF-I 方法提高了预测精度，UBCF-I 方法比 UBCF 方法精度平均提高了 17.25%，最高提高了 19.57%；类似地，IBCF-I 方法比 IBCF 方法精度平均提高了 18.12%，最高提高了 18.93%。UBCF-I 和 IBCF-I 方法随着近邻数量的增加，精度逐渐小幅提高，分别得益于用户的 UIIM 模型和项目内外相似度的融合。图 5.3 验证了本章所提出的 UBCF-I 和 IBCF-I 的有效性，接着可进一步验证基于多源评分融合的优化模型 INTE-CF 的性能。

5.8.4 预测精度实验

本节设计了 4 组实验，用户数分别为 200、400、600 和 800，并记为 G2、G4、G6 和 G8。比较方法为 UBCF-I、IBCF-I、UIBCF-I 和一个线性组合方法 UI-Linear[37]。经过多次实验，近邻最佳数为 35，详细数据如表 5.2 所示。

观察表 5.2 数据，INTE-CF 模型预测精度最佳。在 5 个方法中，UBCF-I 和 IBCF-I 方法精度相对较低。UIBCF-I 类似于 UI-Linear 方法，在 G2 和 G4 中，精度低于 UBCF-I 和 IBCF-I，因为在 G2 和 G4 中数据量少，且同时考虑相似用户和相似项目数据更少。但随着用户数和项目数增多，UIBCF-I 和 UI-Linear 方法精度逐步提高，只要用户和项目数足够，其精度（如 G6 和 G8 中的实验结果）将超过 UBCF-I 和 IBCF-I 方法。因为，UIBCF-I 和 UI-Linear 方法将更多地受益于组合所带来的优点。INTE-C 模型融合了三种信息源，吸收三种方法的优点，获得了最佳性能。同时，从数据中还可以发现，所有方法随着用户数的增多其性能都有不同程度的提高。很明显，这是由于用户数和项目越多，可利用的评分数越多，应用改进的 CF 方法时会得到更好的预测效果。

表 5.2　预测精度比较

组	G2	G4	G6	G8
INTE-CF	**0.792**	**0.744**	**0.731**	**0.711**
UIBCF-I	0.887	0.827	0.774	0.748
UBCF-I	0.845	0.775	0.763	0.759
IBCF-I	0.873	0.778	0.786	0.764
UI-Linear	0.861	0.819	0.762	0.728

5.8.5　参数优化实验

由于执行了 10 折交叉验证，每组实验会产生 10 组优化参数向量。为了验证总体上向量在不同组间的变化，每组实验取平均值进行对比，如图 5.4 所示。

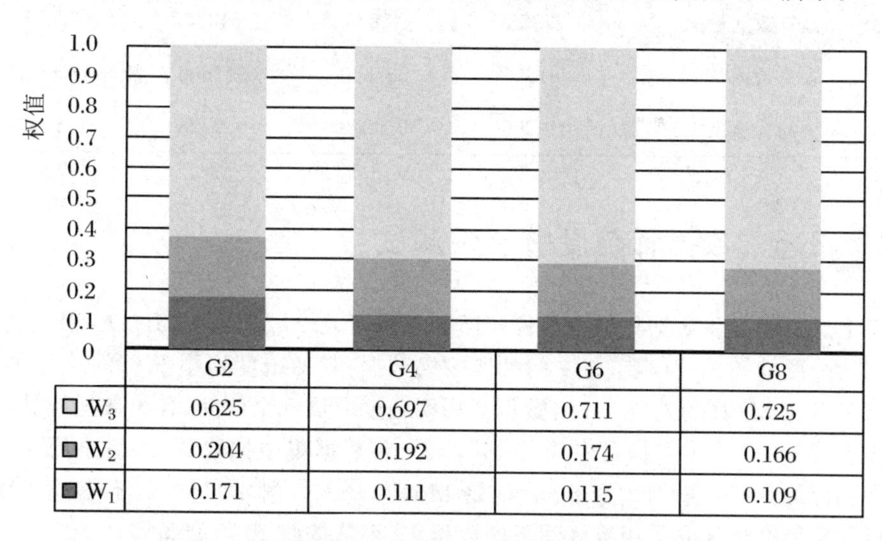

图 5.4　四组实验中 INTE-CF 模型平均优化参数向量值

每个优化参数向量包含三个元素即 W_1、W_2 和 W_3，分别对应着权重参数 ω_1、UBCF-I 方法的 ω_2 和 UIBCF-I 方法的 ω_3。每一组实验中，W_1、W_2 和 W_3 都有相同的状况。W_3 占主导地位，在预评分中起主要作用，尤其是在用户数和评分数据多的情况下更是如此。W_1 和 W_2 值随着评分数据的增多，有所下降，可能是因为数据集中具有更多的用户和项目同时与目标用户和项目相似，从而使得UIBCF-I方法预测效果增大。多数情况下，W_3 的优化值在0.7附近波动。综合表5.2和图5.4，INTE-CF方法充分利用了三种信息源产生预评分，最终获得了最佳预测性能。

表5.3给出了每组实验用的数据统计信息，包括用户、项目、已有数据量、全局稀疏度等。尽管评分数据数量不同，但每组实验数据集的全局稀疏度都相近，即在整个数据集的全局稀疏度在0.93695附近。四组实验中优化参数向量值变化不大。背景方法UIBCF-I起着很重要的作用，尤其是在G8组实验中，当全局系数度最大时仍然是占主要作用。从中可以看出，优化参数向量对数据大小的敏感性较低。四组实验中，UIBCF-I方法的权重最大，主要原因是基于局部稀疏因子的组合相似度起着重要作用，使得UIBCF-I方法充分利用了相似用户和相似项目。

表5.3　四组数据集统计信息

组	G2	G4	G6	G8
用户	200	400	600	800
项目	1409	1484	1596	1655
已有数据量	22378	41826	64384	85697
理论数据量	281800	553600	957600	1324000
全局稀疏度	0.9206	0.9296	0.9328	0.9353

5.8.6　数据稀疏度敏感性测试

上述每组实验数据集的全局稀疏度都超过了0.9，为了测试INTE-CF方法对数据稀疏度的敏感性，本节将专门抽取5组数据，其稀疏度均小于0.9，进行测试，观察和对比MAE的差异。5组数据全局稀疏度分属5个区间，各组数据统计信息如表5.4所示。5组数据是专门从MovieLens数据集中抽取的，每组全局稀疏度都在相应的区间。正如大家熟知，初始MovieLens数据非常稀疏，本书通过随机选择和反复迭代选取了相应区间下的数据集，仍然按照10折交叉验证的方法进行了实验，实验结果如图5.5所示。

表 5.4　不同稀疏度数据据统计信息

区间	0.4～0.5	0.5～0.6	0.6～0.7	0.7～0.8	0.8～0.9
稀疏度	0.4816	0.5738	0.6183	0.7439	0.8573
用户	137	278	315	552	621
项目	498	512	579	607	1009
评分	35368	60664	69616	85810	89414

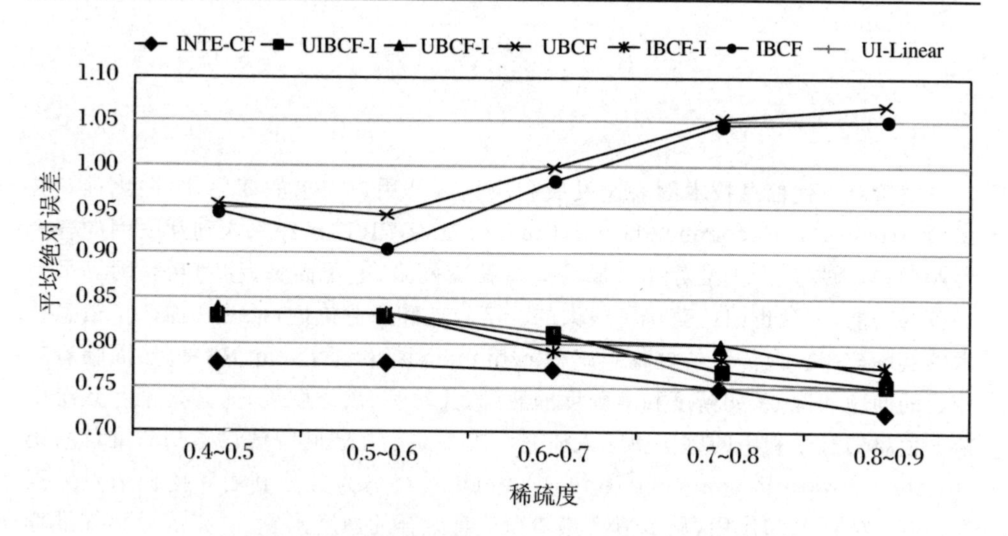

图 5.5　不同数据稀疏度 INTE-CF 方法敏感性比较

为了得到较好的比较结果，选取了 6 种对比方法与 INTE-CF 比较，即传统的 UBCF 和 IBCF、改进的 UBCF-I 和 IBCF-I、UI-Linear 和 UIBCF-I。总体上，传统的 UBCF 和 IBCF 方法对数据集的全局稀疏度的敏感性较强，随着稀疏度的增大，其精度 MAE 越来越低。其他方法对数据集的全局稀疏度敏感性具有相同的趋势，即敏感性不强，在稀疏度较小即 0.4～0.7 范围内，它们的精度 MAE 差别不大，因为用户评分数据相对较多，随着稀疏度增大，精度 MAE 值有所变小，体现出了改进的 CF 方法及组合方法的优势。本质上，IBCF-I 方法得益于融合相似度，UBCF-I 方法得益于 UIIM 模型，UIBCF-I 方法归功于相似用户和相似项目组合，UI-Linear 方法归功于线性组合的缺失值插补。

INTE-CF 方法不仅预测精度最佳，且对数据稀疏度有较低的敏感性，这归功于对 IBCF-I、UBCF-I 和 UIBCF-I 方法的评分融合。显然，传统的 CF 方法不仅对数据稀疏度敏感性较强，且性能随着稀疏度的增大，会越来越差。相反地，类似于参考文献[46]，当面临较大稀疏度时改进的方法表现出了较好的预测性能。

第6章　总结与展望

6.1　总　　结

随着新一代信息技术的快速发展和应用以及用户需求的变化，个性化推荐技术(Personalized Recommendation Technologies，PRT)已经深入到互联网的各个行业领域，为用户产生推荐几乎成为一些社交网络、电子商务、移动互联网等平台必备的功能，平台也因此获得了很大的经济效益和商业价值，推动和加速了信息技术的实际应用。但传统的推荐系统(Recommendation System，RS)仍然面临着一些新的问题和挑战，如精度和准确度的瓶颈、实时性、满意度等，尤其是推荐系统中情景信息的有效利用问题值得深入研究。本书立足互联网中情景感知的推荐系统(Context-Aware Recommendation System，CARS)，为充分利用和挖掘情景因素在推荐中的影响和作用，从多情景感知和信息融合的角度出发，研究情景感知推荐系统的相关问题。本书主要研究内容包括"有效情景检测与情景化用户建模""多维时间情景感知的项目推荐""多源情景感知与融合的好友推荐"以及"多源评分融合的协同过滤优化推荐"等，其主要研究成果及贡献如下。

6.1.1　有效情景检测与情景化用户建模

随着信息获取方式的增多和改进，情景感知的推荐系统中包含越来越多的情景信息，这些情景信息对用户的兴趣和决策产生着重要的影响，不同用户对情景的敏感性不一样，同一用户对不同情景敏感性也不一样，如何充分有效地利用这些情景信息是一个很大的挑战。本书针对用户情景敏感性问题，提出基于情景过滤器的用户情景敏感性检测方法和算法框架，针对不同推荐问题和对象，采取不同的检测方法。本书给出了3种不同的用户情景敏感性检测方法，通过在一个小型电影数据集LDOS-CoMoDa上进行了实验，验证了情景过滤器的有效性。由于情景信息对用户模型有很大的影响，本书根据4个关键用户建模问题，提出了情景化用户建模框架,并在框架中应用了情景过滤器,提出 2 种情景化用户建模范式,给出了具体的建模示例。

6.1.2　多维时间情景感知的项目推荐

时间作为情景感知推荐系统中最为典型的情景元素,对大多数用户的兴趣和行为产生着影响。为充分挖掘和利用时间情景,本书分析了时间情景的多种形式和在实际推荐中的影响,重点讨论了多种时间情景作为不同情景维度在 CARS 系统中的项目推荐问题。其中,多种时间情景主要包括系统时间情景、社会时间情景和用户交互时间情景。通过对这三种时间情景的分析和对用户决策的影响,建立了时间情景化用户模型和基于生成概率的 MTAFM 模型,在 EM 算法下对 MTAFM 模型参数进行了学习,最后在两个数据集上验证了基于 MTAFM 模型的项目推荐效果。

6.1.3　多源情景感知与融合的好友推荐

好友推荐(Friend Recommendation,FR)是社交网络中的一项重要功能,为用户发现"志趣相投"的好友。社交网络中含有丰富的情景信息,对用户好友的选择产生着不同程度的影响。针对社交网络中好友推荐问题,考虑多种情景信息源,提出了一个基于 D-S 证据理论的多源情景信息融合的好友推荐框架。详细分析了 3 类 7 种有价值的情景信息源,即用户个性特征类(Personal Features,PF)、网络结构特征类(Network Structure Features,NF)和社交特征类(Social Features,SF)。该好友推荐框架建立在 D-S 证据理论基础上,体现了证据间的最小冲突原则,更适合情景信息源的融合。由于原始的 D-S 证据理论偶尔会出现弱证据强支持的缺陷,本书利用证据的重要度和可靠度对其进行了改进,并设计了一些新的证据的基础概率分配函数(Basic Probablity Allocation,BPA)对证据进行量化,用于度量用户间形成好友的相关性。最后,根据 5 个经典评价指标在真实数据集上进行了测试。结果表明,本书好友推荐方法优于目前几个主流好友推荐方法。同时,实验也验证了本书融合推荐方法的有效性。

6.1.4　多源评分融合的协同过滤优化推荐

协同过滤(Collaborative Filtering,CF)推荐方法作为推荐领域里的经典方法,在评分预测方面得到了成功的应用,但现有很多方法主要使用单个信息源。为了能充分利用蕴含在用户-项目矩阵中内嵌的多个信息源，提高评分预测精度，本书提出多源评分融合的协同过滤优化推荐方法。针对传统基于项目的CF推荐方法稀疏性问题，对融合内部相似度和外部相似度进行了改进。同时，利用基于预评分的用户项目兴趣模型UIIM改进了基于用户的CF推荐方法。根据相似项目和相似用户，提出了一个基于相似项目和相似用户的背景协同推荐方法UIBCF，用于平滑基于项目和基于用户的CF方法。基于信息融合思想，利用基于项目、基于用户和基于相似项目和相似用户三方面信息源，融合与之对应的预测评分，形成一个集成优化的CF推荐模型INTE-CF，并在公开数据集MovieLens上验证了INTE-CF方法的有效性和准确性。

6.2 展望

展望未来，随着新一代信息技术如人工智能、大数据、移动互联网、物联网等技术的纵深发展，以及社会和经济等方面的需求涌现，将会有更多的推荐问题和挑战出现。立足本书研究内容，着眼未来，以下几个方面内容需要进一步深入和探索：

(1) 在用情景过滤器进行用户情景有效性检测中，本书提出了基于情景过滤器的有效情景检测方法，重点论述了情景敏感性检测算法框架，主要用于单个情景有效性判断，如本书在单因素方差分析中，仅判断单个情景因素用户是否敏感，未同时考虑多种情景因素共同作用的有效性检测，如时间情景与其他情景组合对用户兴趣与决策的影响等。因此，多情景间的关联关系，尤其是情景因素之间是否存在相关性等问题值得进一步研究。类似地，在情景化用户建模时，可考虑多维情景联合用户建模。本书由于未找到合适的数据集，且多情景下数据更加稀疏，所以对这两个方面的问题尚未进行深入研究。

(2) 更深入的用户建模仍然是一个很重要的研究方向。用户模型在推荐领域具有很重要的作用，所以深入理解用户对推荐非常重要。虽然用户建模技术已经有比较久的历史，但仍然没有很好的突破。本书提出的情景化用户建模在一定程度上推进了用户模型的发展，但还有很大的研究空间。如，在多情景、多领域情况下，如何刻画用户？如何实现基于推荐策略的自适应推荐？因为不同的用户可能偏好不同的推荐策略，比如有些用户喜欢多样性推荐、有些用户喜欢大众化推荐、有些用户喜欢新颖推荐，还有些偏激的用户如对年龄敏感的用户非常看重基于年龄的推荐等。另外，对不同的项目，也应考虑项目的特点，采取不同推荐策略。如社会热点新闻时效性强、变化快，可更多地考虑基于用户的CF推荐，而一些图书、文献资料等周期比较长的项目，可偏向于使用基于项目的 CF 推荐。因此，更深入地理解用户，采用不同的推荐策略，仍然有很大的研究价值。

(3) 情景感知推荐与普适计算相融合是一个值得研究的方向。普适计算被称为一种与环境融为一体的计算，情景感知的个性化推荐，类似于普适计算，强调合适的情景为用户推荐合适的对象。在普适计算系统中，包含有很多各种各样的传感器，可以获得大量的环境信息，即情景信息。利用这些信息，可更好地刻画用户和理解用户的意图，也就更能准确地捕捉到用户在所处情景下的偏好，因而更能产生合适的推荐。利用普适计算系统，可以为用户构建一个无处不在的情景感知推荐系统，二者结合将具有更大的研究意义和更实用的价值。

(4) 随着社会媒体的广泛应用，尤其是电商深入到各种领域，新一代信息技术的成熟必将联通各行各业，跨领域和跨网络的多源信息融合的推荐将成为可能。用户在不同领域有着不同的兴趣爱好和行为，这些兴趣偏好和行为往往存在某种联系，如在一个有关图书的电商平台，如果用户非常喜爱漫威动画方面的图书，那么在电影推荐系统中可以推荐一些漫威公司出品的电影如《雷神》《复仇者联盟》等，可能会达到更好的推荐效果。再比如，随着移动互联网的普及，同一用户广泛存在于不同的社交网络，虽然他们可能表现出不同的用户身份，但仍然可以用特定的方法将他们(不同社交网络中的同一用户)联系在一起，在跨网络之间可以进行信息共享，从而可更深入地了解用户。如此，进行跨领域、跨网络的多源信息融合推荐非常值得研究，但目前还存在一些实际困难，尚处于萌芽阶段。

(5) 推荐系统的工程化研究。目前的信息技术，相对十年前已经有了本质的变化和进步，包括大数据、云计算、人工智能、物联网、移动互联网和 5G 等技术，这些技术的成熟对推荐系统的理论和实践都有很大的推动作用。但目前对推荐系统的工程化研究还不够深入，如推荐算法的并行化、高效的实时推荐、各行各业互通互联融合推荐的实现等工程问题都有待进一步深入研究。

参考文献

[1] 蒋均牧. 邬贺铨:互联网一天信息量等于1.68亿张DVD[EB/OL][2018-2-12]. http://tech.hexun.com/2012-11-11/147824504.html.

[2] 杜军帅.第41次中国互联网发展报告:网民规模7.72亿普及率超全球平均水平[EB/OL][2018-2-12]. http://news.cri.cn/20180131/42c8a2bd-405d-6622-2dbf-6f1ff9f813c9.html.

[3] Adomavicius G, Tuzhilin A. Toward the next generation of recommender systems: A survey of the state-of-the-art and possible extensions[J]. IEEE Transactions on Knowledge and Data Engineering, 2005, 17(6): 734-749.

[4] Ricci F, Rokach L, Shapira B. Introduction to recommender systems handbook [M]//Recommender systems handbook. Boston: Springer, 2011.

[5] 许海玲,吴潇,李晓东,等.互联网推荐系统比较研究[J].软件学报,2009,20(2):350-362.

[6] 黄创光,印鉴,汪静,等.不确定近邻的协同过滤推荐算法[J].计算机学报,2010,33(8):1369-1377.

[7] 邓爱林,朱扬勇,施伯乐.基于项目评分预测的协同过滤推荐算法[J].软件学报,2003,14(9):1621-1628.

[8] Adomavicius G, Tuzhilin A. Context-aware recommender systems[M] // Recommender systems handbook. Boston: Springer, 2015.

[9] 王立才,孟祥武,张玉洁.上下文感知推荐系统[J].软件学报,2012,23(1):1-20.

[10] 于洪,李转运.基于遗忘曲线的协同过滤推荐算法[J].南京大学学报:自然科学版,2010,46(5):520-527.

[11] Bródka P, Saganowski S, Kazienko P. GED: the method for group evolution discovery in social networks[J]. Social Network Analysis and Mining, 2013, 3(1): 1-14.

[12] Psorakis I, Roberts S, Ebden M, et al. Overlapping community detection using bayesian non-negative matrix factorization[J]. Physical Review E,

2011,83(6):066114.

[13] Adomavicius G, Sankaranarayanan R, Sen S, et al. Incorporating contextual information in recommender systems using a multidimensionalapproach[J]. ACM Transactions on Information Systems (TOIS),2005,23(1):103-145.

[14] Meadow C T,Boyce B R,Kraft D H. Text information retrieval systems [M]. San Diego:Academic Press,1992.

[15] Salton G,Buckley C. Term-weighting approaches in automatic textretrieval[J]. Information Processing & Management,1988,24(5):513-523.

[16] Zeng C, Xing C, Zhou L. A survey of personalization technology[J]. Journal of Software,2002,10:1952-1961.

[17] Pierrakos D,Paliouras G,Papatheodorou C,et al. Web usage mining as a tool for personalization: A survey[J]. User Modeling and User-adapted Interaction,2003,13(4):311-372.

[18] Schafer J B,Konstan J A,Riedl J. E-commerce recommendation applications [J]. Data Mining and Knowledge Discovery,2001,5(1-2):115-153.

[19] Goldberg D,Nichols D,Oki B M,et al. Using collaborative filtering to weave an information tapestry[J]. Communications of the ACM,1992,35 (12):61-70.

[20] Linden G,Smith B,York J. Amazon.com recommendations: Item-to-item collaborative filtering[J]. IEEE Internet Computing,2003,7(1):76-80.

[21] Koren Y,Bell R,Volinsky C. Matrix factorization techniques for recommender systems[J]. Computer,2009,42(8):42-49.

[22] Liu J,Dolan P,Pedersen E R. Personalized news recommendation based on click behavior[C]//Proceedings of the 15th International Conference on Intelligent user interfaces. ACM,2010:31-40.

[23] Celma Ò. The long tail in recommender systems[M]. Berlin Heidelberg: Springer,2010.

[24] 潘建国.基于语义的用户建模技术与应用研究[D].上海:上海大学,2009.

[25] Tang F, Zhang B, Zheng J, et al. Friend recommendation based on the similarity of micro-blog user model [C]//2013 IEEE International Conference on Green Computing and Communications and IEEE Internet of Things and IEEE Cyber, Physical and Social Computing. IEEE,2013: 2200-2204.

[26] Li Y M,Lai C Y,Chen C W. Discovering influencers for marketing in the

blogosphere[J]. Information Sciences,2011,181(23):5143-5157.

[27] 林霜梅,汪更生,陈弈秋.个性化推荐系统中的用户建模及特征选择[J].计算机工程,2007,33(17):196-198.

[28] 曾春,邢春晓,周立柱.基于内容过滤的个性化搜索算法[J].软件学报,2003,14(5):999-1004.

[29] 郭岩,白硕,杨志峰,等.网络日志规模分析和用户兴趣挖掘[J].计算机学报,2005,28(9):1483-1496.

[30] 牛亚真,祝忠明.个性化服务中关联数据驱动的用户语义建模框架[J].现代图书情报技术,2012 (010):1-7.

[31] Abel F, Gao Q, Houben G J, et al. Analyzing user modeling on twitter for personalized news recommendations[M]//User Modeling, Adaption and Personalization. Berlin Heidelberg: Springer, 2011:1-12.

[32] Wang M, Zhang B, Zheng J, et al. Adaptive Updating Algorithm of User Model Based on Interest Cycle [C]//2012 IEEE 12th International Conference on Computer and Information Technology. IEEE, 2012:1051-1055.

[33] Iglesias J A, Angelov P, Ledezma A, et al. Creating evolving user behavior profiles automatically[J]. IEEE Transactions on Knowledge and Data Engineering, 2011, 24(5):854-867.

[34] Ma Y, Zeng Y, Ren X, et al. User interests modeling based on multi-source personal information fusion and semantic reasoning[M]//Active Media Technology. Berlin Heidelberg: Springer, 2011:195-205.

[35] 郑建兴,张博锋,岳晓冬,等.基于友邻-用户模型的微博主题推荐研究[J].山东大学学报(理学版),2013,48(11):59-65.

[36] Mei K, Zhang B, Zheng J, et al. Method of recommend microblogging based on user model[C]//2012 IEEE 12th International Conference on Computer and Information Technology. IEEE, 2012:1056-1060.

[37] Ma H, King I, Lyu M R. Effective missing data prediction for collaborative filtering[C]//Proceedings of the 30th Annual International ACM SIGIR Conference on Research and Development in Information Retrieval. ACM, 2007:39-46.

[38] Lu Z, Dou Z, Lian J, et al. Content-Based Collaborative Filtering for News Topic Recommendation[C]//Twenty-Ninth AAAI Conference on Artificial Intelligence. 2015:217-233.

[39] Song R P, Wang B, Huang G M, et al. A hybrid recommender algorithm based on an improved similarity method[J]. Applied Mechanics and Materials, 2014, 475: 978-982.

[40] Moin A, Ignat C L. Hybrid weighting schcmes for collaborative filtering [D]. INRIA Nancy, 2014.

[41] Breese J S, Heckerman D, Kadie C. Empirical analysis of predictive algorithms for collaborative filtering[C]//Proceedings of the Fourteenth conference on Uncertainty in artificial intelligence. Morgan Kaufmann Publishers Inc., 1998: 43-52.

[42] Sarwar B, Karypis G, Konstan J, et al. Item-based collaborative filtering recommendation algorithms[C]//Proceedings of the 10th International Conference on World Wide Web. ACM, 2001: 285-295.

[43] Deshpande M, Karypis G. Item-based top-n recommendation algorithms [J]. ACM Transactions on Information Systems (TOIS), 2004, 22(1): 143-177.

[44] Choi K, Suh Y. A new similarity function for selecting neighbors for each target item in collaborative filtering[J]. Knowledge-Based Systems, 2013, 37: 146-153.

[45] Rennie J D M, Srebro N. Fast maximum margin matrix factorization for collaborative prediction [C]//Proceedings of the 22nd International Conference on Machine Learning. ACM, 2005: 713-719.

[46] Ghazanfar M A, Prugel A. The advantage of careful imputation sources in sparse data-environment of recommender systems: Generating improved svd-based recommendations[J]. Informatica, 2013, 37(1).

[47] Forsati R, Mahdavi M, Shamsfard M, et al. Matrix Factorization with Explicit Trust and Distrust Relationships[J]. arXiv preprint arXiv, 2014: 1408.0325.

[48] Anand D, Bharadwaj K K. Pruning trust-distrust network via reliability and risk estimates for quality recommendations[J]. Social Network Analysis and Mining, 2013, 3(1): 65-84.

[49] Schilit B N, Theimer M M. Disseminating active map information to mobile hosts[J]. Network, IEEE, 1994, 8(5): 22-32.

[50] Hull R, Neaves P, Bedford-Roberts J. Towards situatedcomputing[M]. Hewlett Packard Laboratories, 1997.

[51] Brown P J. The stick-e document: a framework for creating context-aware

applications[J]. Electronic Publishing-Chichester, 1995, 8: 259-272.

[52] Dey A K. Understanding and using context[J]. Personal and Ubiquitous Computing, 2001, 5(1): 4-7.

[53] 李伟平,王武生,莫同,等.情境计算研究综述[J].计算机研究与发展,2015,52(2):542-552.

[54] Adomavicius G, Tuzhilin A. Context-aware recommender systems[M]//Recommender Systems Handbook. Springer US, 2011: 217-253.

[55] Odić A, Tkalčič M, Tasič J F, et al. Predicting and detecting the relevant contextual information in a movie-recommender system[J]. Interacting with Computers, 2013, 25(1): 74-90.

[56] Verbert K, Manouselis N, Ochoa X, et al. Context-aware recommender systems for learning: a survey and future challenges[J]. IEEE Transactions on Learning Technologies, 2012, 5(4): 318-335.

[57] Liu N N, He L, Zhao M. Social temporal collaborative ranking for context aware movie recommendation[J]. ACM Transactions on Intelligent Systems and Technology (TIST), 2013, 4(1): 15.

[58] Park H S, Yoo J O, Cho S B. A context-aware music recommendation system using fuzzy bayesian networks with utility theory[M]//Fuzzy systems and knowledge discovery. Berlin Heidelberg: Springer, 2006: 970-979.

[59] Lee C H. Mining spatio-temporal information on microblogging streams using a density-based online clustering method[J]. Expert Systems with Applications, 2012, 39(10): 9623-9641.

[60] Liang F, Qiang R, Yang J. Exploiting real-time information retrieval in the microblogosphere[C]//Proceedings of the 12th ACM/IEEE-CS joint conference on Digital Libraries. ACM, 2012: 267-276.

[61] Gaonkar S, Li J, Choudhury R R, et al. Micro-blog: sharing and querying content through mobile phones and social participation[C]//Proceedings of the 6th International Conference on Mobile systems, Applications and Services. ACM, 2008: 174-186.

[62] 王晟,王子琪,张铭.个性化微博推荐算法[J].计算机科学与探索,2012,6(10):895-902.

[63] Ding Y, Li X. Time weight collaborative filtering[C]//Proceedings of the 14th ACM international conference on Information and knowledge

management. ACM,2005:485-492.

[64] Liu N N, Zhao M, Xiang E, et al. Online evolutionary collaborative filtering [C]//Proceedings of the fourth ACM Conference on Recommender Systems. ACM,2010:95-102.

[65] Baltrunas L, Amatriain X. Towards time-dependant recommendation based on implicit feedback[C]//Workshop on Context-aware Recommender Systems (CARS'09). 2009.

[66] Koenigstein N, Dror G, Koren Y. Yahoo! music recommendations: modeling music ratings with temporal dynamics and item taxonomy[C]//Proceedings of the fifth ACM Conference on Recommender Systems. ACM,2011:165-172.

[67] Yuan Q, Cong G, Ma Z, et al. Who, where, when and what: discover spatio-temporal topics for twitter users[C]//Proceedings of the 19th ACM SIGKDD International Conference on Knowledge Discovery and Data Mining. ACM,2013:605-613.

[68] Andrew Z, David M C, Christopher M. Using Temporal Data for Making Recommendations[C]. Proc. of UAI 2001. 2001,580 - 588.

[69] Xiong L, Chen X, Huang T K, et al. Temporal collaborative filtering with bayesian probabilistic tensor factorization[C]//Proceedings of the 2010 SIAM International Conference on Data Mining. Society for Industrial and Applied Mathematics,2010:211-222.

[70] Yehuda Koren. Collaborative filtering with temporal dynamics[C]. Proc. Of KDD 2009. 2009,447-456.

[71] Bao J, Zheng Y, Wilkie D, et al. Recommendations in location-based social networks: asurvey[J]. GeoInformatica,2015,19(3):525-565.

[72] Leung K W T, Lee D L, Lee W C. CLR: a collaborative location recommendation framework based on co-clustering [C]//Proceedings of the 34th International ACM SIGIR Conference on Research and development in Information Retrieval. ACM,2011:305-314.

[73] Lu E H C, Chen C Y, Tseng V S. Personalized trip recommendation with multiple constraints by mining user check-in behaviors[C]//Proceedings of the 20th International Conference on Advances in Geographic Information Systems. ACM,2012:209-218.

[74] Noulas A, Scellato S, Lathia N, et al. A random walk around the city: New venue recommendation in location-based social networks[C]//Privacy,

Security, Risk and Trust (PASSAT), 2012 International Conference on and 2012 International Confernece on Social Computing (SocialCom). IEEE, 2012: 144-153.

[75] Zheng Y, Zhang L, Ma Z, et al. Recommending friends and locations based on individual location history[J]. ACM Transactions on the Web (TWEB), 2011, 5(1): 5.

[76] Zhang J D, Chow C Y. CoRe: Exploiting the personalized influence of two-dimensional geographic coordinates for location recommendations [J]. Information Sciences, 2015, 293: 163-181.

[77] Sarwat M, Levandoski J J, Eldawy A, et al. LARS *: An efficient and scalable location-aware recommender system[J]. IEEE Transactions on Knowledge and Data Engineering, 2013, 26(6): 1384-1399.

[78] Sarwat M, Bao J, Eldawy A, et al. Sindbad: a location-based social networking system [C]//Proceedings of the 2012 ACM SIGMOD International Conference on Management of Data. ACM, 2012: 649-652.

[79] Yin Z, Cao L, Han J, et al. Geographical topic discovery and comparison [C]//Proceedings of the 20th International Conference on World Wide Web. ACM, 2011: 247-256.

[80] Hong L, Ahmed A, Gurumurthy S, et al. Discovering geographical topics in the twitter stream [C]//Proceedings of the 21st International Conference on World Wide Web. ACM, 2012: 769-778.

[81] Levandoski J J, Sarwat M, Eldawy A, et al. Lars: A location-aware recommender system[C]//Data Engineering (ICDE), 2012 IEEE 28th International Conference on. IEEE, 2012: 450-461.

[82] Liu B, Fu Y, Yao Z, et al. Learning geographical preferences for point-of-interest recommendation[C]//Proceedings of the 19th ACM SIGKDD International Conference on Knowledge Discovery and Data Mining. ACM, 2013: 1043-1051.

[83] Liu B, Xiong H. Point-of-interest recommendation in location based social networks with topic and location awareness[C]//Proceedings of the 2013 SIAM International Conference on Data Mining. Society for Industrial and Applied Mathematics, 2013: 396-404.

[84] Xie X. Potential friend recommendation in online social network[C]// Proceedings of the 2010 IEEE/ACM Int'l Conference on Green Computing

and Communications & Int'l Conference on Cyber, Physical and Social Computing. IEEE Computer Society, 2010: 831-835.

[85] Yin D, Hong L, Davison B D. Structural link analysis and prediction in microblogs[C]//Proceedings of the 20th ACM International Conference on Information and Knowledge Management. ACM, 2011: 1163-1168.

[86] Chen J, Geyer W, Dugan C, et al. Make new friends, but keep the old: recommending people on social networking sites[C]//Proceedings of the SIGCHI Conference on Human Factors in Computing Systems. ACM, 2009: 201-210.

[87] Chu C H, Wu W C, Wang C C, et al. Friend recommendation for location-based mobile social networks[C]//Innovative Mobile and Internet Services in Ubiquitous Computing (IMIS), 2013 Seventh International Conference on. IEEE, 2013: 365-370.

[88] Ma H, King I, Lyu M R. Learning to recommend with social trust ensemble[C]//Proceedings of the 32nd International ACM SIGIR Conference on Research and Development in Information Retrieval. ACM, 2009: 203-210.

[89] Ma H, King I, Lyu M R. Learning to recommend with explicit and implicit social relations[J]. ACM Transactions on Intelligent Systems and Technology (TIST), 2011, 2(3): 29.

[90] Bao J, Zheng Y, Mokbel M F. Location-based and preference-aware recommendation using sparse geo-social networking data[C]//Proceedings of the 20th International Conference on Advances in Geographic Information Systems. ACM, 2012: 199-208.

[91] Ye M, Yin P, Lee W C, et al. Exploiting geographical influence for collaborative point-of-interest recommendation[C]//Proceedings of the 34th International ACM SIGIR Conference on Research and Development in Information Retrieval. ACM, 2011: 325-334.

[92] Huang M, Zhang B, Zou G, et al. Socialized User Modeling in Microblogging Scenarios for Interest Prediction[C]//Dependable, Autonomic and Secure Computing, 14th Int'l Conf on Pervasive Intelligence and Computing, 2nd Int'l Conf on Big Data Intelligence and Computing and Cyber Science and Technology Congress (DASC/PiCom/DataCom/CyberSciTech), 2016 IEEE 14th Int'l C. IEEE, 2016: 124-131.

[93] Deng S, Wang D, Li X, et al. Exploring user emotion in microblogs for music recommendation[J]. Expert Systems with Applications, 2015, 42(23): 9284-9293.

[94] Seo Y D, Kim Y G, Lee E, et al. Personalized recommender system based on friendship strength in social network services[J]. Expert Systems with Applications, 2017, 69: 135-148.

[95] Schilit B, Adams N, Want R. Context-aware computing applications[C] // Mobile Computing Systems and Applications, 1994. WMCSA 1994. First Workshop on. IEEE, 1994: 85-90.

[96] Kokinov, Boicho, Georgi P, et al. Context-sensitivity of human memory: Episode connectivity and its influence on memory reconstruction.[C]// International and Interdisciplinary Conference on Modeling and Using Context. Springer, Berlin, Heidelberg, 2007.

[97] Yin H, Cui B, Chen L, et al. A temporal context-aware model for user behavior modeling in social media systems[C]//Proceedings of the 2014 ACM SIGMOD International Conference on Management of data. ACM, 2014: 1543-1554.

[98] Abowd G D, Dey A K, Brown P J, et al. Towards a better understanding of context and context-awareness[C]//International Symposium on Handheld and Ubiquitous Computing. Springer, Berlin, Heidelberg, 1999: 304-307.

[99] Kobsa A. User modeling in dialog systems: Potentials and hazards[J]. AI & society, 1990, 4(3): 214-231.

[100] Sahijwani, Harshita, Sourish D. User Profile Based Research Paper Recommendation. arXiv preprint arXiv, 2017: 1704.07757.

[101] Lee, Won-Jo. User profile extraction from Twitter for personalized news recommendation. Advanced Communication Technology(ICACT), 2014 16th International Conference on. IEEE, 2014.

[102] Armstrong R, Freitag D, Joachims T, et al. Webwatcher: A learning apprentice for theWorld Wide Web[C]//AAAI spring symposium on information gathering. 1995(6): 12.

[103] Pazzani M J, Muramatsu J, Billsus D. Syskill & Webert: Identifying interesting web sites[C]//AAAI/IAAI, Vol. 1. 1996: 54-61.

[104] Smyth, Barry, Keith B. Personalization techniques for online recruitment

services[J]. Communications of the ACM 45.5(2002):39-40.

[105] 冯翱. Open Bookmark:基于 Agent 的信息过滤系统[J]. 清华大学学报(自然科学版),2001,41(3):85-88.

[106] Ramos J. Using TF-IDF to determine word relevance in document queries [C]//Proceedings of the first instructional conference on machine learning. 2003,242:133-142.

[107] Singh, Vaibhav K, Vinay K S. Vector space model: an information retrieval system[J]. Int J Adv Eng Res,2015(141):143.

[108] Cheng, Shulin, Yuejun Liu. Time-Aware and Grey Incidence Theory Based User Interest Modeling for Document Recommendation[J]. Cybernetics and Information Technologies,2015,15.2(2):36-52.

[109] Fernández M, Cantador I, López V, et al. Semantically enhanced information retrieval: An ontology-based approach[J]. Web Semantics: Science, Services and Agents on the World Wide Web, 2011, 9 (4): 434-452.

[110] Campos P G, Díez F, Cantador I. Time-aware recommender systems: a comprehensive survey and analysis of existing evaluation protocols[J]. User Modeling and User-Adapted Interaction,2014,24 (1/2):67-119.

[111] Kay J, Lum A. Ontology-based user modelling for the Semantic Web [C]//Proceedings of the Workshop on Personalisation on the Semantic Web: Per-SWeb'05. 2005:15-23.

[112] Andrejko A, Barla M, Bieliková M. Ontology-based user modeling for Web-Based information systems[M]//Advances in Information Systems Development. Boston: Springer, MA, 2007:457-468.

[113] Skillen K L, Chen L, Nugent C D, et al. Ontological user modelling and semantic rule-based reasoning for personalisation of Help-On-Demand services in pervasive environments[J]. Future Generation Computer Systems,2014,34:97-109.

[114] Zheng J, Zhang B, Yue X, et al. Neighborhood-user profiling based on perception relationship in the micro-blog scenario[J]. Web Semantics: Science, Services and Agents on the World Wide Web,2015,34:13-26.

[115] Yin H, Cui B, Chen L, et al. Dynamic user modeling in social media systems [J]. ACM Transactions on Information Systems(TOIS),2015,33(3):10.

[116] Panniello U, Gorgoglione M. A contextual modeling approach to context-aware

recommender systems[C]//Proceedings of the 3th Workshop on Context-Aware Recommender Systems. 2011.

[117] David M, Andrew Y, Michael I J. Latent dirichlet allocation[J]. Journal of machine Learning research. 2003(1):993-1022.

[118] Joyce, J M. Kullback-Leibler divergence[J]. International Encyclopedia of Statistical Science, 2011:720-722.

[119] Joachims, Thorsten, Dayne Freitag, et al. Webwatcher: A tour guide for the world wide web. IJCAI(1). 1997.

[120] Abdel-Fatao H, Li J, Liu J. Unifying spatial, temporal and semantic features for an effective GPS trajectory-based location recommendation [C]// Australasian Database Conference. Springer, Cham, 2015:41-53.

[121] Chen T, Chuang Y H. Fuzzy and nonlinear programming approach for optimizing the performance of ubiquitous hotel recommendation[J]. Journal of Ambient Intelligence and Humanized Computing, 2015:1-10.

[122] Kumar G, Jerbi H, O′Mahony M P. Towards the Recommendation of Personalised Activity Sequences in the Tourism Domain[C]//RecTour 2017 2th Workshop on Recommenders in Tourism. Como, Italy, 2017 (8). ACM, 2017.

[123] Yin H, Sun Y, Cui B, et al. LCARS: a location-content-aware recommender system[C]//Proceedings of the 19th ACM SIGKDD international conference on Knowledge discovery and data mining. ACM, 2013:221-229.

[124] Zhao Z, Lu H, Cai D, et al. User preference learning for online social recommendation[J]. IEEE Transactions on Knowledge and Data Engineering, 2016, 28(9):2522-2534.

[125] Wang X, Lu W, Ester M, et al. Social recommendation with strong and weak ties [C]//Proceedings of the 25th ACM International on Conference on Information and Knowledge Management. ACM, 2016: 5-14.

[126] David G. Myers, (Editor)[M]. McGraw-Hill Companies, Inc, 2006. Myers D G, Smith S M. Exploring social psychology[J]. New York, NY, 2015.

[127] Hofmann T. Probabilistic latent semantic indexing[C]//ACM SIGIR Forum. ACM, 2017, 51(2):211-218.

[128] Myung I J. Tutorial on maximum likelihood estimation[J]. Journal of

mathematical Psychology, 2003, 47(1): 90-100.

[129] Zellner A. Bayesian estimation and prediction using asymmetric loss functions [J]. Journal of the American Statistical Association, 1986, 81(394): 446-451.

[130] Gauvain J L, Lee C H. Maximum a posteriori estimation for multivariate Gaussian mixture observations of Markov chains[J]. IEEE transactions on speech and audio processing, 1994, 2(2): 291-298.

[131] Moon T K. The expectation-maximization algorithm[J]. IEEE Signal processing magazine, 1996, 13(6): 47-60.

[132] Hofmann T. Probabilistic latent semantic analysis[C]//Proceedings of the Fifteenth conference on Uncertainty in artificial intelligence. Morgan Kaufmann Publishers Inc., 1999: 289-296.

[133] Lerman K, Ghosh R. Information contagion: An empirical study of the spread of news on Digg and Twitter social networks[J]. Icwsm 10, 2010: 90-97.

[134] Mei Q, Zhai C X. Discovering evolutionary theme patterns from text: an exploration of temporal text mining[C]//Proceedings of the eleventh ACM SIGKDD international conference on Knowledge discovery in data mining. ACM, 2005: 198-207.

[135] Michelson M, Macskassy S A. Discovering users' topics of interest on twitter: a first look [C]//Proceedings of the fourth workshop on Analytics for noisy unstructured text data. ACM, 2010: 73-80.

[136] Ellison N B. Social network sites: Definition, history, and scholarship[J]. Journal of Computer-Mediated Communication, 2007, 13(1): 210-230.

[137] Burke M, Marlow C, Lento T. Social network activity and social well-being[C]//Proceedings of the SIGCHI Conference on Human Factors in Computing Systems. ACM, 2010: 1909-1912.

[138] Trusov M, Bucklin R E, Pauwels K. Effects of word-of-mouth versus traditional marketing: findings from an internet social networking site[J]. Journal of Marketing, 2009, 73(5): 90-102.

[139] Mochón M C. Social network analysis and big data tools applied to the systemic risk supervision[J]. IJIMAI, 2016, 3(6): 34-37.

[140] Bakshy E, Rosenn I, Marlow C, et al. The role of social networks in information diffusion [C]//Proceedings of the 21st International Conference on

World Wide Web. ACM, 2012: 519-528.

[141] He C, Li H, Fei X, et al. A topic community-based method for friend recommendation in online social networks via joint nonnegative matrix factorization[C]//2015 Third International Conference on Advanced Cloud and Big Data. IEEE, 2015: 28-35.

[142] Tang J, Hu X, Liu H. Social recommendation: a review[J]. Social Network Analysis and Mining, 2013, 3(4): 1113-1133.

[143] Martínez O S, Bustelo B C P G, Crespo R G, et al. Using Recommendation System for E-learning Environments at degree level[J]. International Journal of Interactive Multimedia and Artificial Intelligence, 2009, 1(2): 67-70.

[144] Yang X, Guo Y, Liu Y, et al. A survey of collaborative filtering based social recommender systems[J]. Computer Communications, 2014, 41: 1-10.

[145] Li W, Ye Z, Xin M, et al. Social recommendation based on trust and influence in SNS environments[J]. Multimedia Tools and Applications, 2015: 1-18.

[146] Gong N Z, Talwalkar A, Mackey L, et al. Joint link prediction and feature inference using a social-feature network[J]. ACM Transactions on Intelligent Systems and Technology(TIST), 2014, 5(2): 27.

[147] Yin Z, Gupta M, Weninger T, et al. A unified framework for link recommendation using random walks[C]//Advances in Social Networks Analysis and Mining(ASONAM), 2010 International Conference on. IEEE, 2010: 152-159.

[148] Adamic L A, Adar E. Friends and neighbors on the web[J]. Social networks, 2003, 25(3): 211-230.

[149] Agarwal V, Bharadwaj K K. A collaborative filtering framework for friends recommendation in social networks based on interaction intensity and adaptive user similarity[J]. Social Network Analysis and Mining, 2013, 3(3): 359-379.

[150] Pazzani M J. A framework for collaborative, content-based and demographic filtering[J]. Artificial Intelligence Review, 1999, 13(5-6): 393-408.

[151] Said A, Plumbaum T, De Luca E W, et al. A comparison of how demographic data affects recommendation[J]. User Modeling, Adaptation and Personalization (UMAP), 2011: 7.

[152] Martinez-Cruz C, Porcel C, Bernabé-Moreno J, et al. A model to represent

users trust in recommender systems using ontologies and fuzzy linguistic modeling[J]. Information Sciences, 2015, 311: 102-118.

[153] Guo D, Xu J, Zhang J, et al. User relationship strength modeling for friend recommendation on Instagram[J]. Neurocomputing, 2017, 239: 9-18.

[154] Zhang Z, Liu Y, Ding W, et al. Proposing a new friend recommendation method, FRUTAI, to enhance social media providers' performance[J]. Decision Support Systems, 2015, 79: 46-54.

[155] Gruber T R. A translation approach to portable ontology specifications[J]. Knowledge acquisition, 1993, 5(2): 199-220.

[156] Noy N F, McGuinness D L. Ontology development 101: A Guide to Creating Your First on Tology[J]. Stanford University, 2001.

[157] Bao J, Zheng Y, Wilkie D, et al. A survey on recommendations in location-based social networks[J]. ACM Transaction on Intelligent Systems and Technology, 2013.

[158] DeScioli P, Kurzban R, Koch E N, et al. Best friends alliances, friend ranking, and the myspace social network[J]. Perspectives on Psychological Science, 2011, 6(1): 6-8.

[159] Liben-Nowell D, Novak J, Kumar R, et al. Geographic routing in social networks[J]. Proceedings of the National Academy of Sciences of the United States of America, 2005, 102(33): 11623-11628.

[160] Sui X, Chen Z, Ma J. Location sensitive friend recommendation in social network[C]//Asia-Pacific Web Conference. Springer, Cham, 2015: 316-327.

[161] Scellato S, Noulas A, Lambiotte R, et al. Socio-spatial properties of online location-based social networks[C]//Fifth international AAAI conference on weblogs and social media, 2011, 11: 329-336.

[162] Wu M, Wang Z, Sun H, et al. Friend recommendation algorithm for online social networks based on location preference[C]//2016 3rd International Conference on Information Science and Control Engineering (ICISCE). IEEE, 2016: 379-385.

[163] Li Q, Zheng Y, Xie X, et al. Mining user similarity based on location history[C]//Proceedings of the 16th ACM SIGSPATIAL International Conference on Advances in Geographic Information Systems. ACM,

2008:34.

[164] Zheng Y, Zhou X. Computing with spatial trajectories[M]. Berlin: Springer Science & Business Media, 2011.

[165] Xiao X, Zheng Y, Luo Q, et al. Inferring social ties between users with human location history [J]. Journal of Ambient Intelligence and Humanized Computing, 2014, 5(1): 3-19.

[166] Cha M, Haddadi H, Benevenuto F, et al. Measuring user influence in twitter: The million follower fallacy[C]//Fourth International AAAI Conference on Weblogs and Wocial Media, 2010.

[167] Kempe D, Kleinberg J, Tardos É. Maximizing the spread of influence through a social network[J]. Theory of Computing, 2015, 11(4): 105-147.

[168] Lü L, Zhou T. Link prediction in complex networks: A survey[J]. Physica A: Statistical Mechanics and it's Applications, 2011, 390(6): 1150-1170.

[169] Getoor L, Diehl C P. Link mining: a survey[J]. ACM SIGKDD Explorations Newsletter, 2005, 7(2): 3-12.

[170] Clauset A, Moore C, Newman M E J. Hierarchical structure and the prediction of missing links in networks[J]. Nature, 2008, 453(7191): 98-101.

[171] Liu W, Lü L. Link prediction based on local random walk[J]. EPL (Europhysics Letters), 2010, 89(5): 58007.

[172] Liben-Nowell D, Kleinberg J. The link-prediction problem for social networks[J]. Journal of the American Society for Information Science and Technology, 2007, 58(7): 1019-1031.

[173] Yang S H, Long B, Smola A, et al. Like like alike: joint friendship and interest propagation in social networks[C]//Proceedings of the 20th International Conference on World Wide Web. ACM, 2011: 537-546.

[174] Yu Z, Wang C, Bu J, et al. Friend recommendation with content spread enhancement in social networks[J]. Information Sciences, 2015, 309: 102-118.

[175] Brin S, Page L. Reprint of: The anatomy of a large-scale hypertextual web search engine[J]. Computer Networks, 2012, 56(18): 3825-3833.

[176] Konstas I, Stathopoulos V, Jose J M. On social networks and collaborative recommendation[C]//Proceedings of the 32th international ACM SIGIR Conference on Research and Development in Information Retrieval. ACM,

2009:195-202.

[177] Ahmed N M,Chen L. An efficient algorithm for link prediction in temporal uncertain social networks[J]. Information Sciences,2016,331:120-136.

[178] Avnit A. The million followers fallacy[J]. Pravda Media Group,2009.

[179] Milgram S. The small world problem[J]. Psychology Today,1967,2(1): 60-67.

[180] Golbeck J,Hendler J. Inferring binary trust relationships in web-based social networks[J]. ACM Transactions on Internet Technology(TOIT), 2006,6(4):497-529.

[181] Nepal S,Paris C,Pour P A,et al. A social trust based friend recommender for online communities "invited paper"[C]//2013 9th International Conference on Collaborative Computing: Networking, Applications and Worksharing (Collaboratecom). IEEE,2013:419-428.

[182] Cui L,Dong L,Fu X,et al. A video recommendation algorithm based on the combination of video content and social network[J]. Concurrency and Computation:Practice and Experience,2017,29(14).

[183] Jamali M,Ester M. A matrix factorization technique with trust propagation for recommendation in social networks[C]//Proceedings of the fourth ACM conference on Recommender systems. ACM,2010:135-142.

[184] Agarwal V,Bharadwaj K K. Trust-enhanced recommendation of friends in web based social networks using genetic algorithms to learn user preferences [M]//Trends in Computer Science, Engineering and Information Technology. Berlin Heidelberg:Springer,2011:476-485.

[185] Ma Y,Yu Z,Ding J. A method of user recommendation in social networks based on trust relationship and topic similarity [M]//Social Media Processing. Springer Berlin Heidelberg,2014:240-251.

[186] Agarwal V,Bharadwaj K K. Friends recommendations in dynamic social networks[J]. Encyclopedia of Social Network Analysis and Mining, 2014:553-562.

[187] Victor P,Cornelis C,De Cock M,et al. Practical aggregation operators for gradual trust and distrust[J]. Fuzzy Sets and Systems,2011,184(1): 126-147.

[188] WANG Y, WANG X, ZUO W. Trust Prediction Modeling Based on Social Theories [J]. Journal of Software (Chinese), 2014, 25 (12):

2893-2904.

[189] Dempster A P. Upper and lower probabilities induced by a multivalued mapping[J]. The annals of mathematical statistics, 1967: 325-339.

[190] Shafer G. A mathematical theory of evidence[M]. Princeton: Princeton university press, 1976.

[191] Telmoudi A, Chakhar S. Data fusion application from evidential databases as a support for decision making[J]. Information and Software Technology, 2004, 46(8): 547-555.

[192] Khaleghi B, Khamis A, Karray F O, et al. Multisensor data fusion: A review of the state-of-the-art[J]. Information Fusion, 2013, 14(1): 28-44.

[193] Wei D, Deng X, Zhang X, et al. Identifying influential nodes in weighted networks based on evidence theory[J]. Physica A: Statistical Mechanics and its Applications, 2013, 392(10): 2564-2575.

[194] Yong D, Wen K S, Zhen F Z, et al. Combining belief functions based on distance of evidence[J]. Decision Support Systems, 2004, 38(3): 489-493.

[195] Gong N Z, Xu W, Huang L, et al. Evolution of social-feature networks: measurements, modeling, and implications using Google + [C]//Proceedings of the 2012 ACM Conference on Internet Measurement Conference. ACM, 2012: 131-144.

[196] Li Y, McLean D, Bandar Z, et al. Sentence similarity based on semantic nets and corpus statistics[J]. IEEE Transactions on Knowledge and Data Engineering, 2006, 18(8): 1138-1150.

[197] Moreno A, Redondo T. Text Analytics: the convergence of Big Data and Artificial Intelligence[J]. IJIMAI, 2016, 3(6): 57-64.

[198] Golbeck J. Computing and applying trust in web-based social networks [D]. Maryland: University of Maryland, 2005.

[199] Victor P, Verbiest N, Cornelis C, et al. Enhancing the trust-based recommendation process with explicitdistrust[J]. ACM Transactions on the Web (TWEB), 2013, 7(2): 6.

[200] Luo H, Niu C, Shen R, et al. A collaborative filtering framework based on both local user similarity and global user similarity[J]. Machine Learning, 2008, 72(3): 231-245.

[201] Verbiest N, Cornelis C, Victor P, et al. Trust and distrust aggregation enhanced with path length incorporation[J]. Fuzzy Sets and Systems, 2012, 202:61-74.

[202] Shani G, Gunawardana A. Evaluating recommendation systems[M]// Recommender systems handbook. Springer US, 2011:257-297.

[203] Weimer M, Karatzoglou A, Le Q V, et al. Maximum margin matrix factorization for collaborative ranking [J]. Advances in neural information processing systems, 2007:1-8.

[204] Chakrabarti S, Khanna R, Sawant U, et al. Structured learning for non-smooth ranking losses[C]//Proceedings of the 14th ACM SIGKDD International Conference on Knowledge Discovery and Data Mining. ACM, 2008:88-96.

[205] Järvelin K, Kekäläinen J. IR evaluation methods for retrieving highly relevant documents[C]//Proceedings of the 23rd annual international ACM SIGIR Conference on Research and Development in Information Retrieval. ACM, 2000:41-48.

[206] Das A S, Datar M, Garg A, et al. Google news personalization: scalable online collaborative filtering[C]//Proceedings of the 16th International Conference on World Wide Web. ACM, 2007:271-280.

[207] Wang C, Blei D M. Collaborative topic modeling for recommending scientific articles [C]//Proceedings of the 17th ACM SIGKDD International Conference on Knowledge Discovery and Data Mining. ACM, 2011:448-456.

[208] Park D H, Kim H K, Choi I Y, et al. A literature review and classification of recommender systems research[J]. Expert Systems with Applications, 2012, 39 (11):10059-10072.

[209] Su X, Khoshgoftaar T M. A survey of collaborative filtering techniques [J]. Advances in artificial intelligence, 2009:4.

[210] Shi Y, Larson M, Hanjalic A. Collaborative filtering beyond the user-item matrix: A survey of the state of the art and future challenges[J]. ACM Computing Surveys(CSUR), 2014, 47(1):3-45.

[211] Deng A L, Zhu Y Y, Shi B. A collaborative filtering recommendation algorithm based on item rating prediction [J]. Journal of Software (Chinese), 2003, 14(9):1621-1628.

[212] Goldberg D, Nichols D, Oki B M, et al. Using collaborative filtering to weave

an information tapestry[J]. Communications of the ACM, 1992, 35(12): 61-70.

[213] Herlocker J L, Konstan J A, Borchers A, et al. An algorithmic framework for performing collaborative filtering[C]//Proceedings of the 22th Annual International ACM SIGIR Conference on Research and Development in Information Retrieval. ACM, 1999: 230-237.

[214] Bobadilla J, Ortega F, Hernando A, et al. Improving collaborative filtering recommender system results and performance using genetic algorithms[J]. Knowledge-based Systems, 2011, 24(8): 1310-1316.

[215] Paterek A. Improving regularized singular value decomposition for collaborative filtering[C]//Proceedings of KDD Cup and Workshop. 2007: 5-8.

[216] Wang J, De Vries A P, Reinders M J T. Unifying user-based and item-based collaborative filtering approaches by similarity fusion[C]//Proceedings of the 29th Annual International ACM SIGIR Conference on Research and Development in Information Retrieval. ACM, 2006: 501-508.

[217] Xue G R, Lin C, Yang Q, et al. Scalable collaborative filtering using cluster-based smoothing[C]//Proceedings of the 28th annual international ACM SIGIR conference on Research and development in information retrieval. ACM, 2005: 114-121.

[218] Forsati R, Mahdavi M, Shamsfard M, et al. Matrix Factorization with Explicit Trust and Distrust Relationships[J/OL]. arXiv: 1408.0325, 2014.

[219] Barragúns-Martínez A B, Costa-Montenegro E, Burguillo J C, et al. A hybrid content-based and item-based collaborative filtering approach to recommend TV programs enhanced with singular value decomposition[J]. Information Sciences, 2010, 180(22): 4290-4311.

[220] Moin A, Ignat C L. Hybrid weighting schemes for collaborative filtering[D]. INRIA Nancy, 2014.

[221] Nilashi M, bin Ibrahim O, Ithnin N. Hybrid recommendation approaches for multi-criteria collaborative filtering[J]. Expert Systems with Applications, 2014, 41(8): 3879-3900.

[222] Liu N N, Zhao M, Yang Q. Probabilistic latent preference analysis for collaborative filtering[C]//Proceedings of the 18th ACM Conference on

Information and Knowledge Management. ACM, 2009: 759-766.

[223] Koren Y. Collaborative filtering with temporal dynamics[J]. Communications of the ACM, 2010, 53(4): 89-97.

[224] Zenebe A, Zhou L, Norcio A F. User preferences discovery using fuzzy models[J]. Fuzzy Sets and Systems, 2010, 161(23): 3044-3063.